软件加工中心系列丛书

软件实训工程

主　编　舒红平　王亚强
副主编　曹　亮　罗　飞　蒋建民
参　编　陈　然　何　圆　杨铁军
　　　　刘　寨　舒钟慧　简　瑭

西南交通大学出版社
·成都·

图书在版编目（CIP）数据

软件实训工程 / 舒红平，王亚强主编. —成都：
西南交通大学出版社，2020.11
ISBN 978-7-5643-7782-3

Ⅰ. ①软… Ⅱ. ①舒… ②王… Ⅲ. ①软件工程
Ⅳ. ①TP311.5

中国版本图书馆 CIP 数据核字（2020）第 210223 号

Ruanjian Shixun Gongcheng
软件实训工程

主　编 / 舒红平　王亚强

责任编辑 / 李华宇
封面设计 / 曹天擎

西南交通大学出版社出版发行
（四川省成都市金牛区二环路北一段 111 号西南交通大学创新大厦 21 楼　610031）
发行部电话：028-87600564　　　028-87600533
网址：http://www.xnjdcbs.com
印刷：成都蓉军广告印务有限责任公司

成品尺寸　185 mm×260 mm
印张　16.25　　字数　406 千
版次　2020 年 11 月第 1 版　　印次　2020 年 11 月第 1 次

书号　ISBN 978-7-5643-7782-3
定价　49.00 元

总　序

　　软件是人类在对客观世界认识所形成的知识和经验基础上，通过思维创造和工程化活动产出的兼具艺术性、科学性的工程制品。软件是面向未来的，软件使用场景设计虽先于软件实现，却源于人们的创新思想和设计蓝图；软件是面向现实的，软件虽然充满创造和想象，但软件需求和功能常常在现实约束中取舍和定型。

　　软件开发过程在未来和现实之间权衡，引发供需双方的博弈，导致软件开发出现交付进度难以估计、需求把控能力不足、软件质量缺乏保障、软件可维护性差、文档代码不一致、及时响应业务需求变化难等问题。为更好地解决问题，实现个性定制、柔性开发、快速部署、敏捷上线，人们从软件复用、设计模式、敏捷开发、体系架构、DevOps 等方面进行了大量卓有成效的探索，并将这些技术通过软件定义赋能于行业信息化。今天，工业界普遍采用标准化工艺、模块化生产、自动化检测、协同化制造等加工制造模式，正在打造数字化车间、"黑灯工厂"等工业 4.0 的先进制造方式，其自动化加工流水线、智能制造模式为软件自动化加工提供了可借鉴的行业工程实践参考。

　　软件自动生成与智能服务四川省重点实验室长期从事软件自动生成、智能软件开发等研究，实验室研发的"核格 Hearken™"软件开发平台与工具已在大型国有企业信息化、军工制造、气象保障、医疗健康、化工生产等领域上百个软件开发项目中应用，实验室总结了制造、气象等行业的软件开发实践经验，形成了软件需求、设计、制造及测试运维一体化方法论，借鉴制造业数字化加工能力和要求，以"核格 Hearken™"软件开发平台与工具为载体，提出了核格软件加工中心（Hearken™ Software Processing Center, HKSPC）的概念和体系框架（以下简称"加工中心"）。加工中心将成熟的软件开发技术和开发过程提炼成为软件生产工艺，并配置软件生成的工艺路径，通过软件加工标准化支撑平台生成自动化工艺；以软件开发的智能工厂为载体，将软件生产自动化工艺与软件流水线加工相融合，建立软件加工可视化、自动化生产流水线；以能力成熟度为准则，需求设计制造一体化方法论为指导，提供设计可视化、编码自动化、加工装配化、检测智能化的软件加工流水线支撑体系。

　　加工中心系列丛书立足于为建设和运营软件加工中心提供专业基础知识和理论方法，阐述了软件加工中心建设中软件生成过程标准化、制造过程自动化、测试运维智能化和共享服务生态化的相关问题，贯穿软件工程全生命周期组织编写知识体系、实验项目、参考依据及实施路径等相关内容，形成《软件项目管理》《软件需求工程》《软件设计工程》《软件制造工程》《软件测试工程》《软件实训工程》等6本书。

系列丛书阐述了需求设计制造一体化的软件中心方法论，总体遵从"正向可推导、反向可追溯"的原则，提出通过业务元素转移跟踪矩阵实现软件工程过程各环节的前后关联和有序推导。从需求工程的角度，构建了可视化建模及所见即所得人机交互体验环境，实现了业务需求理解和表达的统一性，解决了需求变更频繁的问题；从设计工程的角度，集成了国际国内软件工程标准及基于服务的软件设计框架，实现了软件架构标准及设计方法的规范性，解决了过程一致性不够的问题；从制造工程的角度，采用了分布式微服务编排及构件服务装配的方法，实现了开发模式及构件复用的灵活性，解决了复用性程度不高的问题；从测试工程的角度，搭建了自动化脚本执行引擎及基于规则的软件运行环境，实现了缺陷发现及质量保障的可靠性，解决了质量难以保障的问题；从工程管理的角度，设计了软件加工过程看板及资源全景管控模式，实现了过程管控及资源配置的高效性，解决了项目管控能力不足的问题。

本系列丛书由软件自动生成与智能服务四川省重点实验室的依托单位成都信息工程大学编写，主要作为软件加工中心人员专业技术培训的教材使用，也可用于高校计算机和软件工程类专业本科生或研究生学习参考、软件公司管理人员或工程师技术参考，以及企业信息化工程管理人员业务参考。

舒红平

2020 年 9 月

前　言

目前高校软件工程类和计算机类本科生及研究生的软件项目实训教学中缺少一种有指导性和实用性并且与目前企业真实项目开发相接近的软件实训工程类教材，为了使学生在学习时能够更好地掌握和了解企业级应用软件系统的开发技术，掌握软件工程中的思想、方法、原则以及项目管理等方面的内容，在西南交通大学出版社的大力支持下，舒红平组织了有多年教学经验的教师和有多年企业项目开发经验的企业专家合作编写了本教材。

本书内容涉及软件工程的全过程，分别为项目管理、需求工程、设计工程、制造工程、测试工程五大部分，同时在各个实践环节中还包含有相应的项目实战案例。全书内容总体可以分为六个部分，绪论主要针对软件实训工程的重要性、意义、特征以及使用的案例进行整体介绍；第一篇~第五篇主要基于核格系列平台对项目管理、系统需求分析、系统设计、系统制造、系统测试进行详细介绍。本书内容图文并茂、简洁易懂，适合作为高等院校软件工程类和计算机类专业学生的教材，也适合作为软件企业培训员工的教材，同时还适合作为软件开发爱好者的自学用书。

本书由成都信息工程大学舒红平教授、王亚强担任主编，由曹亮、罗飞、蒋建民担任副主编。具体编写分工如下：舒红平编写绪论和第一篇，王亚强编写第三篇，曹亮编写第二篇，蒋建民编写第四篇，罗飞编写第五篇。全书由舒红平、王亚强确定编写大纲和整体结构，曹亮负责全书的统稿工作。研究生舒钟慧同学负责资料收集、图形绘制等工作。同时，本书还得到了成都淞幸科技有限责任公司陈然、何圆、杨铁军、刘寨、简瑀等的帮助，在此表示衷心感谢。

由于编者水平有限，书中难免有疏漏和不足之处，恳请有关专家和读者批评指正，并希望将建议、意见和体会反馈给我们，以便再版时修订。编者邮箱：shp@cuit.edu.cn。

编　者

2020 年 9 月

目 录

绪　论

一、软件实训工程的重要性

目前，计算机、软件工程等 IT（Information Technolagy，信息技术）相关专业的应届毕业生一般要经过半年左右的学习培养才能真正成为符合企业要求的合格人才。出现这种现象的原因主要是应届毕业生缺乏软件开发的实际经验，大多数学生并没有机会在学习阶段获得实际软件项目开发经验，而企业招聘时却要求应聘人员具有软件项目开发经验。因此，加强对学生工程实践能力的培养十分有必要。本书将以实际案例为驱动，帮助学生尽快掌握实际工作技能。

二、软件实训工程的特征

本书基于软件项目生存周期，围绕项目管理、需求工程、设计工程、制造工程、测试工程 5 个阶段，将实际案例"招议标管理系统"的全生命周期分为 28 个实验，依据"软件工程转移跟踪矩阵"将这 5 个阶段紧密联系起来，兼顾理论与实践，内容翔实、可操作性强，从而达到培养应用型人才的目标。

第一篇是项目管理，共 10 个实验。软件项目管理的根本目的是让软件项目尤其是大型项目的整个软件生命周期（从需求分析、设计、编码制造到测试的全过程）都能在管理者的控制之下，以预定成本按期、按质地完成软件并交付用户使用。

第二篇是需求工程，共 5 个实验。需求工程（或称需求分析工程）是软件工程的一个重要环节，该阶段是分析系统在功能上需要"实现什么"，而不是考虑如何去"实现"。目标是把用户对开发软件提出的"要求"或"需要"进行分析与整理，确认后形成描述完整、清晰与规范的文档，确定软件需要实现哪些功能，完成哪些工作。此外，软件的一些非功能性需求（如软件性能、可靠性、响应时间、可扩展性等）、软件设计的约束条件、运行时与其他软件的关系等也是软件需求分析的目标。

第三篇是设计工程，共 3 个实验。设计工程是从软件需求规格说明书出发，根据需求工程阶段确定的功能，设计软件系统的总体结构、划分功能模块并确定每个模块的实现算法以及编写具体的代码，完成数据库设计，形成软件的具体设计方案。

第四篇是制造工程，共 6 个实验。制造工程逐步将软件设计的结果转换成计算机可运行的程序代码。在程序编码中必须要制定统一、符合标准的编写规范，以保证程序的可读性、易维护性，提高程序的运行效率。

第五篇是测试工程，共 4 个实验。测试工程对编写完成的软件进行严密的测试，以发现软件在整个设计过程中存在的问题并加以纠正。通过测试后的软件才能发布使用。

三、案例总体介绍

1. 案例背景

D 公司是一家地方国企,具有若干分厂和多层企业架构,在实际工作过程中需要经常进行大规模采购、组织招标活动,但是当前企业并没有招议标管理系统,因此,效率和质量都较低。基于这样的背景,企业希望开发一套招议标软件管理系统促进构建企业招议标管理机制,加强企业招议标管理业务职能与项目监控职能,实现项目招标过程系统化管理,为企业领导、责任单位、招标办、人事部门、财务部门、监督部门等提供有力的宏观辅助支持。另外,企业希望该招议标管理软件系统能够基于 Internet/Intranet 网络环境并采用 B/S 工作模式,为招议标管理提供最佳的解决方案。从实际出发,针对可能出现的情况,系统设计时还应充分考虑某些特殊情况,提供多种灵活的方式进行处理。

2. 招议标现状分析

目前,在该企业中,投标管理基本上采用手工方式进行操作,采用文档及报表进行编辑,通过公司邮件传输相关资料,最后还是要递交纸质版存档。这样的管理流程存在以下问题:

(1)不便于资源共享,特别是已经存在的很多有参考价值的资料和案例,不能在企业内汇总共享。

(2)查询烦琐且效率低下,当需要查询某一方面资料时,需要花费大量的人力资源在众多历年单据中进行搜索,且汇总过程耗时耗力。

(3)缺乏有效的监管机制,驱动力和执行力不足,造成企业内部各部门之间联系不够紧密。

(4)招议标过程存在不透明的现象等。

对于建设一个功能全面、反应灵活、招议标过程操作一体化的招议标管理系统来说,设计时应基于最新的互联网技术,采用 B/S 架构,同时将 Web 技术引入项目的招议标管理过程中,使得该系统成为一种强大的招议标管理工具。因此,在建设过程中应解决以下问题:

(1)系统服务器应及时处理系统用户的请求,完成文件传输等相应工作。

(2)系统需要与其他已有系统实现对接。

(3)相关部门工作人员计算机的操作水平。这些问题对计算机的硬件系统、相关接口、相关人员等提出要求,为建设招议标管理软件系统带来了挑战。

3. 建设内容

针对上述问题,经过分析后提出以下措施解决:

(1)D 公司需要建立全面、灵活的招议标管理软件系统平台,即招标申报管理、项目申请审核、招标方式管理、招标公告管理、标书管理、评标专家管理、组织评议标、项目评议标审核、项目定标、项目定标审核、中标管理、签订合同、合格供应商信息管理、资料归档、人事部专家管理、监督管理、招议标项目审计等一体化信息控制和管理的招议标管理系统。

（2）通过信息化手段，尽量实现对招议标过程进行全程公开透明管理，实现规范招议标管理、降低采购成本、提高经济效益等目标。

（3）在设计 D 公司的招议标管理系统过程中应充分遵守和执行相关国家标准、部颁标准和行业标准，遵照超前性与客观性相结合，信息技术与自动化技术相结合，现代技术与基础设施改造相结合的原则，以及先进性与经济性相兼顾，管理手段与应用效果相兼顾的指导思想。

（4）总体采用软件加工中心理念思想，实现需求设计开发一体化建设，经过对业务进行分析和技术讨论及论证后，选择采用面向对象思想进行业务需求调研，采用 SOA（面向服务的架构）思想进行系统设计及架构，并充分贯彻总量管理、总量控制的原则，能够充分满足 D 公司建立全面、灵活的招议标管理软件系统平台的要求。

第一篇　项目管理

实验一　项目立项——分析项目合同

【实验学时】

2 学时。

【实验目的】

（1）掌握项目立项阶段的项目合同分析方法。

（2）掌握将项目合同分析结果转化成项目管理工程的方法。

（3）熟悉项目管理平台在项目立项阶段的使用方法。

【实验内容】

本实验针对项目管理者在项目立项过程中出现的难以准确分析项目合同的问题，采用项目管理平台来完成对项目合同分析过程产生的数据的记录，实现将方法论运用于项目合同分析的实际操作中，使得项目管理者能深入理解方法论及熟练使用项目管理平台。

【实验准备】

本实验需要事先获取投标书，根据投标书了解项目的建设内容及要求，并基于这些资料完成本实验。本实验用到的工具为项目管理平台（以下简称“平台”）。

【实验步骤】

（1）合同起草。

（2）合同审查。

（3）合同签订。

【参考案例】

一、合同起草

D 公司收到中标通知书后，市场部或合同相关人员根据标书要求在平台中起草招议标管理系统合同，合同要遵循合同法，一般双方会有模板，然后填写相关内容形成合同初步版本。

以下是起草的一份合同文件的主要内容（本书中的合同只是一个案例，可供参考）：

第一条　开发和技术支持服务的内容和范围

1. 乙方负责招议标管理系统应用软件的设计和开发，招议标管理系统用于甲方，具体要求详见附件《招议标管理系统软件需求说明书》。

2. 《招议标管理系统软件需求说明书》将作为系统开发和验收的依据，定义了系统开发的要求（包括软件功能和性能方面的要求）。

3. 如在开发或技术支持服务过程中，甲方提出《招议标管理系统软件需求说明书》中未作规定的新需求或修改原有需求定义，乙方应客观地评估该变化，告知甲方该变化所引起的技术可行性及工作量（并告知评估方式和依据）。对于技术上可行且甲方要求实现的变化，其费用及时间由双方另行协商。对于后续开发费用的计算标准，乙方承诺不高于目前市场平均标准每人月2万元。在本协议之外的需求变更不影响本协议的执行。

4. 在开发完成后，乙方负责招议标管理系统应用软件的安装、调试和培训。安装、调试系统所需的网络、设备和系统软件环境由甲方负责提供，培训对象由甲方根据乙方上线功能要求的角色来选定，培训内容为招议标管理系统的操作与管理技能，培训方式为在甲方指定地点集中培训，具体培训场地、人员和时间由双方协商。

5. 乙方在免费服务期内提供5×8小时（国家法定假日除外）的技术支持服务，服务内容包括：乙方负责对开发的招议标管理系统的技术咨询、软件系统恢复、软件系统功能故障处理。

6. 招议标管理系统所使用的甲方自购设备，其维护不包含在乙方提供的免费技术支持中，如服务器硬件维护、服务器操作系统维护、用户计算机终端维护、数据库备份和恢复。

7. 乙方负责将甲方按乙方标准备份的数据恢复。乙方在培训阶段对甲方系统管理员进行数据备份操作培训，并提供操作说明。

8. 在本系统正式上线后，如甲方要求，乙方可制作一套英文版提供给甲方使用。该版本与中文版本共享数据，可供国外用户与国内用户协同办公。具体开发要求、使用范围、用户培训方式、翻译方式、工期和费用在实施前协商，协商后另行签订协议。

第二条　开发和技术支持服务的方式

1. 乙方指定开发人员到甲方现场进行需求调研，并在乙方自己的办公地点和开发环境下进行开发。软件开发完成后，其安装、调试工作在甲方提供的服务器上完成。

2. 用户培训的场地等用户所需均由甲方提供，具体范围根据乙方提出的培训内容经双方进行确定。

3. 在乙方提供免费技术支持服务期内，乙方将通过以下三种服务方式进行技术支持：

1）电话支持。客户通过拨打乙方指定的维护工程师电话，由乙方工程师进行电话支持。

2）远程技术支持。在甲方保证服务器网络联通的情况下，通过远程诊断、电话支持、电子邮件等方式进行技术支持。

3）现场支持。如果不能通过远程技术支持方式解决系统的技术故障，在用户提出现场支持要求后的 24 小时内，乙方将派遣工程师赶赴现场分析故障原因，制定故障排除方案，提供故障排除服务。

第三条 开发和技术支持服务的期限

1．本项目共 120 个工作日，分两期完成。一期最终期限为 27 个工作日。二期为 93 个工作日。时间从合同签订起第二个工作日开始计算。详细计划见《招议标管理系统实施进度计划》。

2．其中一期首个模块开发完成时间为合同签订后 15 个工作日以内，其间每次开发完成的功能模块即提供给用户试用。

3．从通过验收当日起至之后的一年内，乙方均向甲方提供免费技术支持服务。

4．如有客观原因需要改变实施计划，应在双方协商后由双方项目经理签字认可。

5．如在项目实施过程中，用户的实际需求与需求说明书中相比发生变化，或由用户负责准备的人员召集、设备采购、场地安排、网络调试、意见反馈等配合事项引起延误，则实施期限相应顺延。

6．该软件须达到需求文档要求，且在调试完善、应用正常、双方确认后才能进行系统验收和文档移交工作。

7．如甲方委托第三方从事与本项目有关或相关的事宜，甲方应确保第三方的工作进度不影响本委托项目按时完成。

8．乙方在协议期内为甲方系统提供下列服务：

1）软件重新部署。

2）数据恢复：按乙方备份标准备份的数据。

9．甲方应按本协议规定方式及时间向乙方支付报酬。

第四条 双方协作事项

1．项目实施的进度与质量需要双方密切配合。为保证项目的成功实施，甲乙双方在项目实施期间应指派并授权专人担任项目经理和项目成员。双方项目成员及其工作职责见合同附件《招议标管理系统开发项目组成员名单》。

2．甲方负责协调甲方相关部门人员配合乙方进行需求调研，提供编制需求说明文档所需的流程、表单等资料。

第五条 报酬及支付方式

1．本项目软件开发经费为（大写）人民币××××元整（含税价）。注：开具增值税专用发票，税率 13%，可抵扣。

2．技术开发报酬具体支付方式和时间如下：

第一次：合同签订生效后一周内支付30%预付款，人民币××万××××元整。

第二次：项目第二阶段按要求完成后一周内支付30%的进度款，人民币××万××××元整。

第三次：项目第三阶段按要求完成后一周内支付30%进度款，人民币××万××××元整。

项目最终验收后三个月内支付10%质保金，人民币××万××××元整。

二、合同审查

市场部或合同相关人员起草合同完毕后，项目管理专员组织人员在平台中对合同的条款进行评审，形成评审意见反馈给单位市场或合同相关人员；审核的目的是控制项目范围和项目成果物，重点是审核技术部分、项目成果物、知识产权等。以下是审查要点：

（1）软件开发的项目要求，包括对开发目标、开发内容、形式和技术要求以及软件功能等进行准确描述的内容。

（2）软件开发的计划、进度、期限、地点、地域和方式。审查开发计划是否列出项目的名称、主要任务、达到的技术要求、计划进度、开发概算和经费总额、所需主要仪器和材料、承担开发任务的单位和主要技术专家及人员（含资历、经验、承担的主要工作的描述）等内容。

（3）是否有相应的监督管理机构或成员，如没有，应予以补充；如有，则应对监督管理机构或成员的权限做出具体规定。

（4）委托方向软件开发方移交技术资料以及具体协作事项。这一点与委托方的协助义务以及软件开发方的保密义务相联系，如果约定不明确，可能因此引发争议。

（5）开发风险责任的承担。风险责任是因软件开发合同标的研究开发成果具有不确定性，并容易受到客观条件、技术条件等因素的影响。法律规定如果在合同中没有约定是谁来承担研究开发风险所导致的研究开发失败或失败所造成的损失，则由双方当事人合理承担，这样可能不利于委托方，因此在合同中要写明由软件开发方承担开发风险责任。

（6）开发人员的确定及其更换限制。软件开发合同的目标产物属于智力成果，开发成果的好坏与技术团队的核心人员（包括项目经理、核心技术人员等）的经验和知识水平有密切联系，应审查是否有约定开发方的主要开发人员的资历、经验、承担的主要工作的描述，并明确人员更换的要求和限制条件等。

（7）开发软件涉及的相关知识产权归属。约定开发成果的知识产权以及进行后续改进之后产生成果的相关知识产权均归委托方所有。

（8）开发方软件侵犯他人著作权等知识产权的处理问题。在开发过程中及开发完成后，有可能出现开发方所开发的软件侵犯他人著作权等知识产权的风险，为避免委托方承担相应责任，该类合同中应约定开发方的工作成果不能侵犯第三方的知识产权，并约定若开发方违反本条承诺的，其应承担的违约责任。

（9）开发软件的验收方式。技术开发合同的验收可以采用技术鉴定会、专家技术评估等方式，同时也可以由委托方单方认可即视为验收通过。不管采用何种验收方式，最后都应由验收方出具验收证明及文件，作为合同验收通过的依据。但是，在委托开发中，委托方拒绝验收或提出不正当要求延缓验收的情况时有发生，受托方可在合同中约定其有权以合理的方式单方面验收，并将验收报告提交委托方，即视为软件系统验收已通过。

（10）软件交付后的技术指导、培训、系统维护、版本免费更新等后续服务问题由双方协商。

（11）开发方的保密义务约定是否明确全面。保密条款应包括保密内容、涉密人员、保密期限以及泄密责任等方面，其中审查保密内容时，除了要写明委托方移交给开发方的技术资料外，还应包括委托方的经营信息。

（12）应付的金额以及付款方式。合同总价款一般包括系统开发的费用、第三方软件许可的费用、升级维护的费用等。违约条款中须特别注意违反合同约定的情况，如：

① 开发方所提供的软件不符合合同的约定，不能满足委托方的要求。

② 一方使用、实施或者转让技术成果违反约定的范围。

③ 提供的技术资料、技术服务、技术指导不符合合同的约定。

④ 开发方延迟或功能不能满足委托方的需求。

⑤ 违反合同约定的保密义务。

⑥ 违反合同中关于知识产权归属条款的约定。

（13）审查合同中对于名词和术语是否列出了专门的解释条款。

软件开发合同的当事人往往因合同中的名词和术语的理解不同而发生争议。为避免发生这种争议，可以在合同中对可能发生争议的名词、术语给予双方一致同意的解释。

对以上的要点审查后，市场部或合同相关人员根据评审意见在平台中对合同完成修订。

三、合同签订

将评审修订后的合同交与甲方进行沟通讨论后，打印合同由双方法定代表签字，双方单位盖章，完成了合同的签订。

【实验结果】

《招议标项目签订完成合同》。

实验二 项目范围管理——创建 WBS

【实验学时】

2 学时。

【实验目的】

（1）掌握项目范围管理中创建 WBS（工作分解结构）的方法。

（2）掌握将创建 WBS 结果转化成项目管理工程的方法。

（3）熟悉项目管理平台在项目范围管理中的使用方法。

【实验内容】

在实验开始之前，需要先理解 WBS 是什么。

工作分解结构（Work Breakdown Structure，WBS）以可交付成果为中心，将项目中所涉及的工作进行分解，定义出项目的整体范围。因为大多数项目涉及很多人，以及很多不同的可交付成果，所以根据工作开展的方式，组织好工作并将其合理地进行分解是非常重要的。

WBS 底层元素是能够被评估的、可以安排进度的和被追踪的。WBS 的底层的工作单元被称为工作包，其中包括计划的工作。在"工作分解结构"这个词语中，"工作"是指作为活动结果的工作产品或可交付成果物，而不是活动本身。它是定义工作范围、定义项目组织、设定项目产品的质量和规格、估算和控制费用、估算时间周期和安排进度的基础。

如果准确无误地分解出 WBS，并且这样的 WBS 得到了客户等项目干系人的认可，那么凡是出现在 WBS 中的工作都应该属于项目的范围，都是应该完成的。凡是没有出现在 WBS 中的工作，则不属于项目的范围，要想完成这样的工作，要遵循变更控制流程并需经过变更控制委员会的批准。

本实验针对项目管理者在项目范围管理过程中难以准确创建 WBS 的问题，采用项目管理平台完成创建 WBS，实现将方法论运用于创建 WBS 的实际操作中，使得项目管理者能深入理解方法论及熟练使用项目管理平台。

【实验准备】

本实验需要事先获取《项目范围说明书》《用户需求分析》《需求规格说明书》基于这些资料完成本实验。本实验用到的工具为项目管理平台（以下简称"平台"）。

【实验步骤】

创建 WBS。

【参考案例】

创建 WBS：

创建 WBS 主要依据项目范围说明书、需求文件（需求分析、需求规格说明书），使用自顶向下的方法进行任务分解，分解时以项目生命周期的各阶段作为分解的第二层，把产品和项目可交付成果放在第三层。WBS 的表现形式有两种，一种是树形结构图，一种是列表形式。"招议标管理系统"属于中小型项目，且不复杂，可选用树形结构图的表现形式，使用平台创建 WBS，以列表（可以使用 Excel 或 Project 等软件）的形式展示"招议标管理系统"的 WBS，如图 2-1 所示。

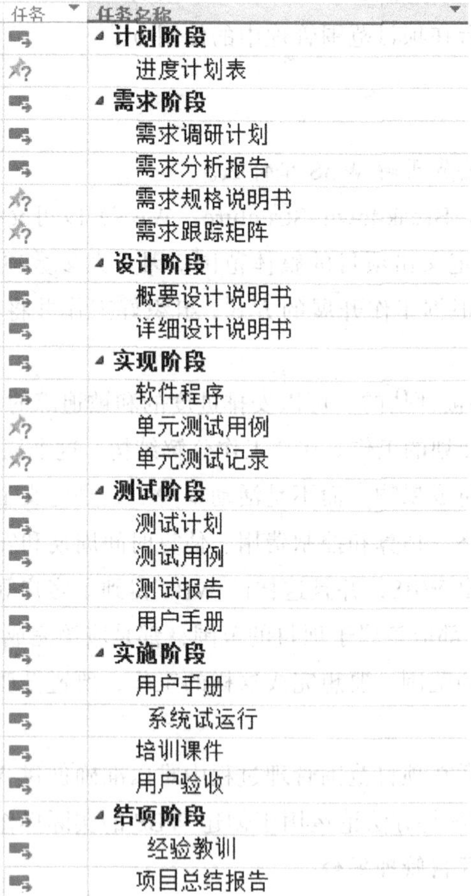

任务	任务名称
	▲ **计划阶段**
	进度计划表
	▲ **需求阶段**
	需求调研计划
	需求分析报告
	需求规格说明书
	需求跟踪矩阵
	▲ **设计阶段**
	概要设计说明书
	详细设计说明书
	▲ **实现阶段**
	软件程序
	单元测试用例
	单元测试记录
	▲ **测试阶段**
	测试计划
	测试用例
	测试报告
	用户手册
	▲ **实施阶段**
	用户手册
	系统试运行
	培训课件
	用户验收
	▲ **结项阶段**
	经验教训
	项目总结报告

图 2-1 "招议标管理系统" WBS

【实验结果】

《招议标管理系统 WBS》。

实验三　项目进度管理——定义活动

【实验学时】

2 学时。

【实验目的】

（1）掌握 WBS 工作包分解为活动的方法。

（2）掌握将活动定义结果转化成项目管理工程的方法。

（3）熟悉项目管理平台在项目进度管理方面的使用方法。

【实验内容】

本实验针对项目管理者在项目进度管理过程中难以准确定义活动的问题，采用项目管理平台完成定义活动，实现将方法论运用于定义活动的实际操作中，使得项目管理者能深入理解方法论及熟练使用项目管理平台。

【实验准备】

本实验需要事先准备 WBS 表（实验二中的图 2-1），基于此资料完成本实验。本实验用到的工具为项目管理平台（以下简称"平台"）。

【实验步骤】

（1）分解工作包。

（2）规划活动。

【参考案例】

一、分解工作包

邀请公司有相关经验的专家使用分解方法对活动进行分解，以需求阶段的定义活动为例，得到需求阶段的活动清单，如表 3-1 所示。

表 3-1 "招议标管理系统"需求阶段的活动清单

编号	活动名称	工作描述
2.1	制订需求调研计划	制订调研的计划
2.2	需求调研	根据需求调研计划在用户单位进行需求调研
2.3	需求分析	根据调研的需求进行需求分析
2.3.1	编制需求规格说明书	根据需求分析的结果编制需求规格说明书
2.3.2	评审需求规格说明书	组织用户对需求规格说明书进行评审
2.3.3	修改需求规格说明书	根据评审意见进行修改
2.3.4	确认需求规格说明书	对修改后的文档进行再次确认
2.3.5	建立需求跟踪矩阵	根据评审通过的文档建立需求跟踪矩阵

二、规划活动

以需求阶段的需求分析为例来说明如何识别活动的属性，得到的活动属性如表 3-2 所示，整个项目的里程碑清单如表 3-3 所示。

（1）紧前活动："需求调研"的紧前活动指发生在需求调研之前必须完成的工作应是"制订需求调研计划"。

（2）本活动与紧前活动的关系：只有"制订需求调研计划"紧前活动完成后，"需求调研"紧后活动才能开始，所以应该是完成-开始关系（FS）。

（3）本活动相对于紧前活动的时间提前或滞后量："需求调研"相对于紧前活动"制订需求调研计划"不能提前开始，但可以在"制订需求调研计划"后滞后几天开始，本案例中没有需要滞后的原因，所以可以紧接着开始，即无提前或滞后量。

（4）紧后活动："需求调研"的紧后活动指发生在需求调研之后必须完成的工作应是"需求分析"。

（5）本活动与紧后活动的关系：可以一边进行"需求调研"一边进行"需求分析"，所以两者的关系应该是开始-开始关系（SS），即只有需求调研开始后，需求分析才能开始。

（6）本活动相对于紧后活动的时间提前或滞后量："需求调研"相对于"需求分析"，可以在"需求分析"开始前 5 天开始。

表 3-2 "招议标管理系统" 需求调研的活动属性

编号:			活动名称：需求调研		
工作描述：根据需求调研计划在用户单位进行需求调研					
紧前活动	本活动与紧前活动的关系	本活动相对于紧前活动的时间提前或滞后量	紧后活动	本活动与紧后活动的关系	本活动相对于紧后活动的时间提前或滞后量
制订需求调研计划	完成-开始关系（FS）	无	需求分析	开始-开始关系（SS）	提前 5 个工作日
资源需求的数量和类型：项目经理 1 名，需求分析师 1 员		技能要求:熟悉需求分析过程	其他需要的资源：无		
人力投入的类型：法定工作日					
执行的工作地点：公司办公室					
强制日期或其他制约因素：无					
假设条件：假设需求分析师的技能能满足要求					

表 3-3 "招议标管理系统" 里程碑清单

序号	里程碑名称	里程碑描述	类型
1	项目计划通过评审	完成计划阶段的工作，计划经公司内部评审通过	可选
2	需求规格说明书通过评审	完成需求阶段的工作,需求规格说明书经用户评审通过	必要
3	系统设计通过评审	完成设计阶段的工作，系统设计经用户评审通过	必要
4	代码通过评审	完成实现阶段的工作，代码经内部评审通过	可选
5	测试通过	完成测试阶段的工作，测试经内部评审通过	必要
6	通过用户验收	完成实施阶段的工作，通过用户验收	必要

【实验结果】

《招议标管理系统需求阶段的活动清单》；

《招议标管理系统需求调研的活动属性表》；

《招议标管理系统里程碑清单》。

实验四　项目成本管理——估算项目成本

【实验学时】

2 学时。

【实验目的】

（1）掌握项目成本管理中估算项目成本的方法。

（2）掌握将项目成本估算结果转化成项目管理工程的方法。

（3）熟悉项目管理平台在项目成本管理方面的使用方法。

【实验内容】

本实验针对项目管理者在项目成本管理过程中难以准确估算项目成本的问题，采用项目管理平台完成估算项目成本，实现将方法论运用于估算项目成本的实际操作中，使得项目管理者能深入理解方法论及熟练使用项目管理平台。

【实验准备】

本实验需要事先准备好系统方法活动清单（见表 3-1）、活动属性（见表 3-2）和里程碑清单（见表 3-3），基于这些资料完成本实验。本实验用到的工具为项目管理平台（以下简称"平台"）。

【实验步骤】

（1）估算依据。

（2）制作活动成本估算表。

【参考案例】

在项目规划阶段，项目经理拿到前期的成本管理计划、人力资源管理计划，对"招议标管理系统"使用参数化建模估算法进行成本估算。

一、估算依据

项目经理根据前期的成本管理计划、人力资源管理计划统计出人力资源费率和项目所需要的其他成本，如表 4-1 和表 4-2 所示。

表 4-1　人力资源费率

人力资源	技能	费率/元/h	费率/元/天
曹元伟	软件开发	37	259
张汉	软件开发	30	210
关亮	软件开发	31	217
黄宇	软件开发	32	224
赵宇	软件开发	35	245
庞宏	软件开发	25	175

注：1 天按 7 h 计算。

表 4-2　其他成本

资　　源	费用/元/天
水、电	20
房租	50

二、制作活动成本估算表

根据估算依据确定的活动成本估算表如表 4-3 所示，估算出活动成本为 104 933 元。

说明：

（1）金额单位为人民币元；

（2）人力资源成本 = 人力资源费率 × 活动历时/天；

（3）间接成本 = 其他成本 × 活动历时/天；

（4）估算值 = 人力资源成本 + 间接成本。

活动"可行性研究"的直接成本等于表 4-3 中的活动历时（4）乘以表 4-1 中的曹元伟、关亮和黄宇的费率之和（259 + 217 + 224 = 700），即 700 × 4 = 2 800 元；间接成本等于表 4-3 中的活动历时（4）乘以表 4-2 中的水、电和房租之和，即 4 × (20 + 50)=280 元。估算值=2 800 + 280 = 3 080 元。

表 4-3　活动成本估算表

活　　动	人力资源	活动历时/天	人力资源成本/元	间接成本/元	估算值/元
召开项目启动会议	所有项目团队成员、相关干系人	1	1 330	70	1 200
收集数据	张汉、关亮	1	427	70	497
可行性研究	曹元伟、关亮、黄宇	4	2 800	280	3 080
撰写问题定义报告	黄宇、关亮	1	441	70	511

活 动	人力资源	活动历时/天	人力资源成本/元	间接成本/元	估算值/元
制订项目计划	曹元伟、张汉、关亮	2	1 372	140	1 512
客户需求调研	曹元伟、庞宏、黄宇、赵宇	5	4 515	350	4 865
客户需求分析	曹元伟、黄宇、赵宇	5	3 640	350	3 990
研究现有系统	张汉、关亮	8	3 416	560	3 976
撰写需求分析报告	关亮、黄宇	1	441	70	511
设计界面	黄宇、赵宇	10	4 690	700	5 390
总体设计	曹元伟、张汉、赵宇、黄宇、庞宏	20	22 260	1 400	23 660
撰写设计报告	庞宏、张汉、赵宇	2	1 260	140	1400
方案评估	庞宏、关亮、曹元伟	1	651	70	721
开发软件	曹元伟、张汉、赵宇、黄宇、庞宏、关亮	30	39 900	2 100	42 000
开发网络	曹元伟、黄宇、庞宏、关亮	5	4 375	350	4 725
撰写开发报告	曹元伟、张汉、黄宇	2	1 386	140	1 526
测试软件	赵宇、黄宇	6	2 814	420	3 234
撰写测试报告	赵宇、黄宇	1	469	70	539
实施培训	关亮、张汉、庞宏	1	602	70	672
撰写实施报告	关亮、庞宏	2	784	140	924
合计			97 573	7 560	104 933

参数化建模估算法是根据人力资源管理计算估算的，以人员工时为计算基准，因此受项目进度计划的影响较大。当项目无法按照进度完成的时候，会出现实际成本高于估算成本的情况。因此，在制订进度计划的时候，要求项目经理拥有类似的项目经验，制订合理的进度计划，才能保证参数化建模估算方法的准确性。

【实验结果】

《人力资源费率表》；

《其他成本》；

《活动成本估算表》。

实验五 控制质量管理——控制质量

【实验学时】

2学时。

【实验目的】

（1）掌握控制质量阶段前期的系统测试方法。
（2）掌握将系统测试结果转化成项目控制质量管理的方法。
（3）熟悉项目管理平台在控制质量管理阶段的使用方法。

【实验内容】

本实验针对项目管理者在控制质量过程中难以准确控制质量的问题，围绕项目质量管理中的控制质量方法，采用项目管理平台完成控制质量过程数据的记录，实现将方法论运用于控制质量的实际操作中，使得项目管理者能深入理解方法论及熟练使用项目管理平台。

【实验准备】

本实验需要事先获取测试工程的测试结果，包括招议标项目申报模块的缺陷记录表、测试记录表等，通过这些资料实现对招议标项目申报模块测试结果的基本了解，并基于这些资料完成本实验。本实验用到的工具为项目管理平台。

【实验步骤】

追踪BUG。

【参考案例】

追踪BUG：

本实验主要采用测试方法，测试是最常用的质量控制技术，几乎要贯穿系统开发生命周期的每个阶段。

常用的测试方法有：

（1）单元测试（Unit Testing）是测试每一个单个部件（经常是一个程序），以确保它尽可能没有缺陷。单元测试是在集成测试之前进行的。

（2）集成测试（Integration Testing）发生在单元测试和系统测试之间，检验功能性分组元素。它保证整个系统的各个部分能集合在一起工作。

（3）系统测试（System Testing）是指作为一个整体来测试整个系统。它关注宏观层面，以保证整个系统能正常工作。

（4）用户可接受性测试（User Acceptance Testing）发生在接收系统交付之前，是由最终用户进行的一个独立测试。它关注的是系统对组织的业务适用性，而非技术问题。

在招议标项目申报管理的系统测试阶段，使用项目管理平台对测试产生的BUG进行统计，形成《BUG跟踪表》。这里截取了BUG跟踪表中的部分内容如表5-1所示。

表 5-1 BUG 跟踪表

编号	BUG描述	提出人	提出时间	类型	问题级别	路径追踪	状态	修复者	解决时间	检验者	检查结果
1	没有限制月份字段的只读属性导致用户可以手动填写日期	步子山	20×× -9-10	设计缺陷	D 轻微	登录功能页面	未解决	张翼德	20×× -9-10	步子山	已解决
2	未达到功能需求	步子山	20×× -9-12	设计缺陷	A 十分严重	资料分类管理页面	已解决	张翼德	20×× -9-12	步子山	已解决
3	页面响应时间10 s以上	张子纲	20×× -9-15	性能问题	B 严重	接口访问页面	已解决	张翼德	20×× -9-15	张子纲	未解决
4	保存接钮失效	张子纲	20×× -9-16	编码错误	A 十分严重	保存信息页面	已解决	关羽	20×× -9-16	张子纲	已解决
5	接口无返回值	张子纲	20×× -9-18	设计缺陷	A 十分严重	接口测试页面	已解决	关羽	20×× -9-18	张子纲	已解决
6	刷新按钮无反应	严曼才	20×× -9-20	设计缺陷	C 一般	资料查询页面	已解决	关羽	20×× -9-20	严曼才	已解决
7	过滤查询无结果	严曼才	20×× -9-23	编码错误	C 一般	资料查询页面	已解决	关羽	20×× -9-23	严曼才	已解决
8	创建物理表响应10 s以上	严曼才	20×× -9-25	性能问题	B 严重	资料发布页面	已解决	关羽	20×× -9-25	严曼才	未解决

【实验结果】

《招议标管理系统 BUG 追踪表》。

实验六　项目人力资源管理——组建项目团队

【实验学时】

2 学时。

【实验目的】

（1）掌握组建项目团队阶段前期的资源到位情况的统计方法。

（2）掌握将资源到位情况转化成组建项目团队的方法。

（3）熟悉项目管理平台在组建团队项目阶段的使用方法。

【实验内容】

本实验针对项目管理者在项目人力资源管理过程中难以合理组建项目团队的问题，围绕项目人力资源管理中的组建项目团队的方法，采用项目管理平台完成组建项目团队过程数据的记录，实现将方法论运用于组建项目团队的实际操作中，使得项目管理者能深入理解方法论及熟练使用项目管理平台。

【实验准备】

本实验需要事先获取项目资源到位情况，包括项目成员在项目上的工作时间点和时间长度等，通过这些资料实现对项目成员的可用性和时间限制的基本了解，并基于这些资料完成本实验。本实验用到的工具为项目管理平台。

【实验步骤】

制定资源日历。

【参考案例】

制定资源日历：

根据项目人员资源到位情况建立资源日历，使用项目管理平台记录每个项目团队成员在项目上的工作时间段。了解每个人的可用性和时间限制（包括时区、工作时间、休假时间、当地节假日和在其他项目的工作时间），才能编制出可靠的进度计划。

在××年8月，项目经理统计项目成员可利用的工作时间资源情况如下：

8月5日：庞士元：10:00—12:00有时间。

8月8日：全体项目成员有时间。

8月9日：曹元伟全天有时间，赵子龙14:00—18:00有时间，庞士元10:00—12:00有时间，张益德全天有时间，关云长16:00—18:00有时间，黄汉升全天有时间。

8月15日：赵子龙14:00—18:00有时间；

8月17日：曹元伟全天有时间，赵子龙14:00—18:00有时间，庞士元10:00—12:00有时间，张益德全天有时间，关云长16:00—18:00有时间，黄汉升全天有时间。

项目经理使用项目管理平台将项目人员能服务项目的工作时间——记录到日历中，形成资源日历，如图6-1所示，方便制订计划。

图 6-1　资源日历

注：表示非工作日。

【实验结果】

《资源日历》。

实验七 项目沟通管理——管理沟通

【实验学时】

2 学时。

【实验目的】

（1）掌握管理沟通阶段前期的沟通管理计划的制订方法。

（2）掌握将相关干系人情况列表转化成沟通管理的方法。

（3）熟悉项目管理平台在管理沟通阶段的使用方法。

【实验内容】

本实验针对项目管理者在项目沟通管理过程中难以合理管理沟通的问题，围绕项目沟通管理中管理沟通的方法，采用项目管理平台完成管理沟通过程数据的记录，实现将方法论运用于管理沟通的实际操作中，使得项目管理者能深入理解方法论及熟练使用项目管理平台。

【实验准备】

本实验需要事先获取招议标项目相关干系人列表，包括招议标项目的干系人及其需求等，通过这些资料实现对项目干系人不同需求的基本了解，并基于这些资料完成本实验。本实验用到的工具为项目管理平台。

【实验步骤】

（1）相关干系人的沟通。

（2）通过会议来管理沟通。

【参考案例】

在项目中，只有具备合理的沟通管理计划，才能保证与项目干系人的沟通方式是最有效率的且有效果。有效果的沟通是指以正确的形式、在正确的时间把信息提供给正确的受众，并且使信息产生正确的影响。而有效率的沟通是指只提供所需要的信息。只有这样，才能使得整个项目的开发过程得以顺利进行，减少返工的必要，从而避免项目周期延长等风险。

一、相关干系人的沟通

招议标管理系统项目中，为了满足各干系人对信息的不同需要，项目经理使用项目管理平台制定不同的信息分发方法，以便更好地与各干系人建立起有效的沟通渠道，使项目干系人能够及时了解到自己需要的项目相关信息，具体如下：

（1）对于各协作单位，每周通过电子邮件向各干系人通报项目进展情况，并获取回执信息进行统计。

（2）对于最终客户，每周召开周例会，参会人员除项目组成员外还会邀请最终用户代表，通报项目绩效情况及下一步安排部署，并记录会议纪要。会议筹备如图7-1所示。

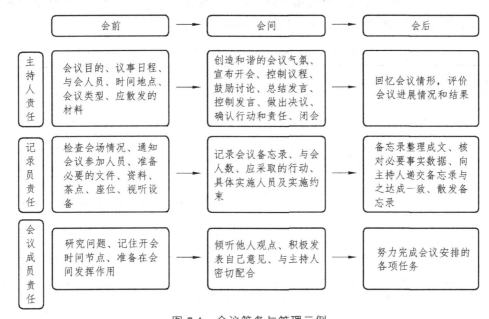

图 7-1　会议筹备与管理示例

（3）在项目组内部，通过建立项目工作组 QQ 群，利用 QQ 群来实现项目组成员之间的即时性沟通，同时利用 QQ 的公告板功能，发布一些时限要求不高的公告。

（4）对于技术文档、管理文档等内部资料，则通过公司内部服务器进行共享，项目组成员依据其担任的角色和权限登录查看。将相关文档整理到公司 FTP 服务器上，以存档和方便项目组成员查看，如图7-2所示。

图 7-2　FTP 示例

二、通过会议来管理沟通

在本项目中，为了更好地对项目进行沟通管理，每天早上会举行晨会，了解每位成员的工作情况及任务完成度；每周会举行周例会，跟进项目的进度，从而更好地调整项目的进度计划及后续工作。

（1）晨会：每天早上由项目经理组织项目组成员参加，用于汇报昨天的工作进度和今天的工作计划以及遇到的问题，会议大约持续 10 min，如表 7-1 所示。

表 7-1　晨会会议纪要

会议时间：每天早上 9:00 开始
会议目的：
① 协调每日任务，记录遇到的问题，会后再讨论
② 了解前一天的项目任务整体完成情况以及安排当天的任务
基本要求：
① 项目组所有人员参加
② 每天 10 min
会议输出：
① 项目组成员彼此明确知道各自的工作及最新的工作进度
② 将问题记录在《问题日志》中进行跟踪

问题日志表如表 7-2 所示。

表 7-2　问题日志表

项目名称												
编号	分类	发现日期	问题描述	对目标的影响	紧急程度	责任方	解决方案	状态	计划解决日期	实际解决日期	问题解决人	备注
1	技术问题	2017-11-18	表格加载数据量增大时，响应时间过长，用户体验太差，需要优化至 $3\sim6$ s 内	暂无影响	低	甲	无	暂停	2017-11-20	2017-11-20		后期处理

说明：
状态分为：解决、未解决、暂停；
紧急程度分为：低、中、高。

（2）项目周例会：每周一由项目经理组织，全体项目组成员、相关干系人参加，用于向部门经理汇报项目每周进展情况的会议，如表 7-3 所示。

表 7-3　项目周例会会议纪要

会议时间：　每周周一早上 9:00 开始。
会议目的：
① 了解项目上周进度，讨论遇到的问题并提出解决方案
② 汇报项目本周的任务计划
基本要求：
① 项目组所有人员参加
② 每次 20 min
会议输出：
① 项目成员了解整体的项目进度
② 了解本周任务的计划及工作安排

【实验结果】

《会议纪要》；
《问题日志表》。

实验八　项目风险管理——识别风险

【实验学时】

2 学时。

【实验目的】

（1）掌握识别风险管理阶段前期风险管理计划的制订方法和风险分解方法。

（2）掌握将风险管理计划转化成项目管理工程的方法。

（3）熟悉项目管理平台在识别风险阶段的使用方法。

【实验内容】

本实验针对项目管理者在项目风险管理过程中难以全面识别风险的问题，围绕项目风险管理中识别风险的方法，采用项目管理平台完成识别风险过程数据的记录，实现将方法论运用于风险识别的实际操作中，使得项目管理者能深入理解方法论及熟练使用项目管理平台。

【实验准备】

本实验需要事先获取招议标项目文件，包括招议标项目的项目管理计划、项目章程、干系人登记册、事业环境因素和组织过程资产等，通过这些资料实现对项目风险的基本了解，并基于这些资料完成本实验。本实验用到的工具为项目管理平台。

【实验步骤】

（1）编写《风险管理计划》。

（2）绘制风险分解结构（RBS）。

（3）编写项目计划阶段识别的风险登记册。

【参考案例】

一、编写《风险管理计划》

以会议的方式商讨招议标管理系统的制定形式，形成的《风险管理计划》的目录如下：

二、绘制风险分解结构（RBS）

项目经理使用项目管理平台根据《风险管理计划》分解风险结构，图 8-1 所示为《风险管理计划》的风险分解结构（RBS）。

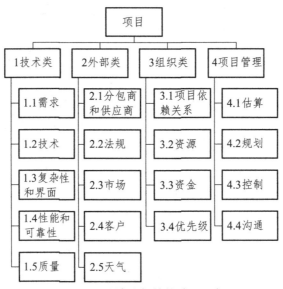

图 8-1　风险分解结构（RBS）

三、编写项目计划阶段的风险登记册

项目经理根据实施定性风险分析阶段的风险登记册和前期的风险管理计划，以图解的方式使用项目管理平台，根据每个风险的缓解方式对各个风险制订确切的风险避免/减缓计划，完善定性风险分析阶段风险登记册，如表 8-1 所示。

表 8-1　项目计划阶段识别的风险登记册

编号	类别	风险描述	可能造成的危害	识别时间
1	需求	需求描述不清晰或比较粗略，可能引起二义性	对设计和实现的影响，可能理解有误，产生较多缺陷	20××-9-4
2	设计	设计人员经验不足，可能设计不够细致	难于实现，影响编码的进度	20××-9-4
3	开发	开发人员技术水平不够，可能功能不完善	影响开发进度	20××-9-4
4	部署	甲方现场环境没有达到要求	影响安装部署进度	20××-9-4
5	验收	验收资料不齐全	影响验收进度，不能及时验收项目	20××-9-4
6	运维	巡检不及时	系统发生故障不能及时发现，影响公司声誉	20××-9-4

【实验结果】

《风险登记册》。

实验九 项目干系人管理——识别干系人

【实验学时】

2 学时。

【实验目的】

（1）掌握识别干系人阶段前期项目人员的统计方法。
（2）掌握将项目人员列表转化成项目管理工程的方法。
（3）熟悉项目管理平台在识别干系人阶段的使用方法。

【实验内容】

本实验针对项目管理者在项目干系人管理过程中难以全面识别干系人的问题，围绕项目干系人管理中识别干系人的方法，采用项目管理平台完成识别干系人过程数据的记录，实现将方法论运用于干系人识别的实际操作中，使得项目管理者能深入理解方法论及熟练使用项目管理平台。

【实验准备】

本实验需要事先获取招议标项目人员资料，包括招议标项目的项目人员列表等，通过这些资料实现对项目干系人的基本了解，并基于这些资料完成本实验。本实验用到的工具为项目管理平台。

【实验步骤】

（1）识别全部潜在的项目干系人。
（2）干系人支持度分类。
（3）制定干系人管理策略。

【参考案例】

一、识别全部潜在的项目干系人

使用项目管理平台识别全部潜在的项目干系人及其相关信息，如他们的角色、部门、利益、知识、期望和权力。分别从甲方和本公司识别与项目有关及对项目关注的人员，如 9-1 所示。

表 9-1　项目干系人列表

姓名	项目角色	职务	项目期望	分类	利益	权力
孙伟	甲方客户代表	部门经理	项目可以按时完成，并且质量有所保障	外部	高	高
刘德	乙方领导	总经理	成功交付	内部	高	高
曹元伟	乙方项目经理	项目经理	成功交付	内部	低	高
张汉	项目组成员	高级研发工程师	质量、双方协调、业务	内部	低	低
关亮	项目组成员	中级研发工程师	完成任务；获得荣誉	内部	低	低
黄宇	项目组成员	中级研发工程师	完成任务；获得荣誉	内部	低	低
赵宇	项目组成员	中级研发工程师	完成任务；获得荣誉	内部	低	低
庞宏	项目组成员	中级研发工程师	完成任务；获得荣誉	内部	低	低

二、干系人支持度分类

分析每个干系人可能的影响或支持，并把干系人分类，以便制定管理策略。

不同的立场，最终将体现在对项目的支持度不同，支持程度一般分为领导、中立、支持、抵制。

（1）领导：指引和影响项目团队，实现项目目标。

（2）支持：对项目保持赞同鼓励态度。

（3）中立：对项目采取既不支持也不反对的态度。

（4）抵制：对项目保持反对，不支持项目继续或立项。

本项目中所有项目干系人都对项目支持，不存在抵制和中立的干系人，如表 9-2 所示。

表 9-2　干系人支持度分类

姓名	项目角色	职务	支持程度	分类
孙伟	甲方客户代表	部门经理	支持	外部
刘德	乙方领导	总经理	支持	内部
曹元伟	乙方项目经理	项目经理	领导	内部
张汉	项目组成员	高级研发工程师	支持	内部
关亮	项目组成员	中级研发工程师	支持	内部
黄宇	项目组成员	中级研发工程师	支持	内部
赵宇	项目组成员	中级研发工程师	支持	内部
庞宏	项目组成员	中级研发工程师	支持	内部

三、制定干系人管理策略

通过权力/利益方格将表 9-1 中的干系人划分到方格中，如图 9-1 所示。

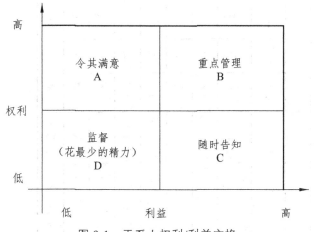

图 9-1　干系人权利/利益方格

通过上面的干系人权利/利益方格，可以制定出如表 9-3 所示的管理策略。

表 9-3　干系人管理策略

姓名	项目角色	职务	管理策略	分类
孙伟	甲方客户代表	部门经理	重点管理	外部
刘德	乙方领导	总经理	重点管理	内部
曹元伟	乙方项目经理	项目经理	令其满意	内部
张汉	项目组成员	高级研发工程师	监督	内部
关亮	项目组成员	中级研发工程师	监督	内部
黄宇	项目组成员	中级研发工程师	监督	内部
赵宇	项目组成员	中级研发工程师	监督	内部
庞宏	项目组成员	中级研发工程师	监督	内部

通过以上方法最终得到的招议标管理系统项目干系人登记册如表 9-4 所示。

表 9-4 干系人登记册

一、基本项目情况

项目名称	招议标管理系统	项目编号	SS-20××-ZZ-ZTB
制作人	曹元伟	审核人	刘德
项目经理	曹元伟	制作日期	20××-8-23

二、项目干系人成员

姓名	项目角色	所在单位及部门	职务	电话	支持程度	参与阶段	项目期望	分类	利益	权力	管理策略
孙伟	甲方客户代表	甲方公司	部门经理	69123	支持	里程碑节点	项目可以按时完成，并且质量有所保障	外部	高	高	重点管理
刘德	乙方领导	总经办	总经理	69125	支持	里程碑节点	成功交付	内部	高	高	重点管理
曹元伟	乙方项目经理	研发中心	项目经理	69124	领导	全程	成功交付	内部	低	高	令其满意
张汉	项目组成员	研发中心	高级研发工程师	69126	支持	全程	质量，双方协调、业务	内部	低	低	监督
关苑	项目组成员	研发中心	中级研发工程师	69127	支持	全程	完成任务；获得荣誉	内部	低	低	监督
黄宇	项目组成员	研发中心	中级研发工程师	69128	支持	全程	完成任务；获得荣誉	内部	低	低	监督
赵宇	项目组成员	研发中心	中级研发工程师	69129	支持	开发	完成任务；获得荣誉	内部	低	低	监督
庞宏	项目组成员	研发中心	中级研发工程师	69130	支持	设计	完成任务；获得荣誉	内部	低	低	监督

【实验结果】

《项目干系人列表》；
《干系人管理策略》；
《干系人登记册》。

实验十　项目整合管理——分析结束项目或阶段

【实验学时】

2学时。

【实验目的】

（1）掌握项目整合阶段的结束项目或阶段分析方法。

（2）掌握将结束项目或阶段分析结果转化成项目管理工程的方法。

（3）熟悉项目管理平台在项目整合阶段的使用方法。

【实验内容】

本实验针对项目管理者在项目整合过程中难以准确分析结束项目或阶段的问题，采用项目管理平台完成对结束项目或阶段分析过程数据的记录，实现将方法论运用于结束项目或阶段分析的实际操作中，使得项目管理者能深入理解方法论及熟练使用项目管理平台。

【实验准备】

本实验需要事先准备好项目验收资料清单，如表10-1所示。根据验收清单了解项目验收的条件，并基于这些资料完成本实验。本实验用到的工具为项目管理平台（以下简称"平台"）。

表10-1　项目验收资料清单

序号	阶段名称	阶段产出物
1	项目规划	项目章程、项目任务书、项目干系人登记册、项目范围说明书、项目过程定义剪裁、项目管理计划、项目启动会议纪要
2	需求阶段	需求调研计划、需求调研记录、需求规格说明书、需求评审会议纪要、需求跟踪矩阵等
3	设计阶段	数据库设计说明书、详细设计说明书、系统概要说明书
4	编码阶段	软件程序、单元测试用例、单元测试记录
5	部署阶段	安装部署报告、安装部署方案
6	测试阶段	测试计划、测试用例、测试 BUG 和修复记录、测试报告 软件系统、软件系统使用手册
7	培训阶段	培训申请表、培训计划、培训方案、培训手册、培训意见反馈表、培训总结报告等
8	试运行阶段	试运行申请表、试运行方案报审表、试运行方案、试运行记录、试运行报告、用户使用报告
9	验收阶段	验收总结报告、项目验收单、验收资料整改报告、项目验收资料清单、项目验收资料移交确认表
10	需求变更	需求变更记录

【实验步骤】

（1）项目验收。

（2）项目总结。

【参考案例】

一、项目验收

1. 项目验收申请表

项目成员按照资源清单准备好验收资料后，项目经理在平台中编写项目验收申请表，向业主单位提出验收申请。表 10-2 是一个典型的项目验收申请表案例。其中承建单位指的是乙方单位。

表 10-2　项目验收申请表

文档名称	项目验收申请表		文档编号	SS-ZTBGG-1002
项目名称	招议标管理系统			
业主单位	D 公司			
致：（业主单位）				
根据合同规定我方已按要求完成了"招议标管理系统"的项目建设工作，经过 3 个月的试运行，系统软件运行稳定、正常，并且通过了第三方机构的测试，相应的验收资料已经准备完毕，特申请进行项目终验，请予以审批。				
附件：验收总结报告				
承建单位（盖章）：				
项目经理：__曹元伟__				
20××年 12 月 10 日				
业主单位意见：				
经审核：该项目符合业务实际需要，提供的产品达到了合同验收要求，同意组织验收。				
业主单位（盖章）：				
项目经理：__孙伟__				
20××年 12 月 10 日				
注：承建单位项目经理应提前 7 日提交验收申请。				

本表一式两份，业主方、承建方各留一份。

2. 项目验收计划

用户批准验收申请后，项目经理和甲方用户单位沟通，在平台中共同制订验收计划，编写项目验收计划，文档如下（省略封面）：

目录

1 导言

1.1 目的

本文档的目的是为"招议标管理系统"项目验收过程提供一个实施计划,作为项目验收的依据和指南。本文档的目标如下:

- 确定项目验收规划和流程;
- 明确项目验收步骤。

1.2 范围

本文档只适用于"招议标管理系统"项目的验收过程。

1.3 缩写说明

PMO: Project Management Office(项目管理办公室)的缩写。

QA: Quality Assurance(质量保证)的缩写。

1.4 术语定义

无。

1.5 引用标准

[1] 《文档格式标准》V1.0
某公司。

[2] 《过程术语定义》V1.0
某公司。

1.6 版本更新记录

本文档的修订和版本更新记录如表 1 所示。

表 1　版本更新记录

版本	修改内容	修改人	审核人	日期
0.1	初始版	张伟	李强	20××-12-13
1.0	修改第 3 章	张伟	李强	20××-12-18
1.1	修改第 4 章	张伟	李强	20××-12-22
1.2				

2　验收标准依据
- 项目合同；
- 招标文件；
- 项目实施方案；
- 双方签署的《需求规格说明书》。

3　验收内容

3.1　文档验收
- 《投标文件》；
- 《需求规格说明书》；
- 《概要设计说明书》；
- 《详细设计说明书》；
- 《数据库设计说明书》；
- 《测试报告》；
- 《用户操作手册》；
- 《系统维护手册》；
- 《项目总结报告》。

3.2　源代码验收
提交可执行的系统源代码

3.3　配置脚本验收
- 配置脚本；
- 软、硬件安装；
- 初始化数据。

3.4　可执行程序验收

3.4.1　功能验收
- 招标项目申报；
- 招标项目申报审核；
- 提交招标文件；
- 招标文件审核；
- 提交投标文件；
- 评标小组管理；
- 评标；
- 定标；
- 中标通知书管理；
- 招标项目合同管理；

- 合格供方库管理；
- 评标专家库管理；
- 投标文件管理；
- 招标项目总结管理；
- 模块管理；
- 部门管理；
- 用户管理；
- 角色管理。

3.4.2 性能验收

（1）遵照国家、北京市、经济技术开发区有关电子政务标准化指南，遵循国家有关电子政务建设标准。

（2）7×24小时系统故障运行能力。

（3）支持在多用户、大数据量、多应用系统环境下正常运转。

（4）符合国家及北京市有关信息系统安全规范。

（5）提供完备的信息安全保障体系，包括安全检测与监控、身份认证、数据备份、数据加密、访问控制等内容。

（6）最终需求规格说明书明确的其他性能要求。

3.4.3 环境验收

（1）负载均衡系统的验证与测试方法见表2。

表2 负载均衡系统的验证与测试方法

测试目的：负载均衡设备的硬件状态

测试过程：

步骤	人工操作和/或执行的命令	要求的指标条目	结果
1	打开设备的电源模块,查看是否正常运行	查看状态指示灯颜色变化是否正常，其中绿色为正常，橙色为故障	
2	查看设备系统日志	无硬件报错日志	

测试目的：负载均衡策略配置

步骤	人工操作和/或执行的命令	要求的指标条目	结果
1	查看设备对外服务地址配置	符合系统要求地址	
2	查看数据库服务器分发地址	包括两台数据库服务器地址	
3	查看数据库服务器分发策略	根据服务器可用性，按设定算法分发	
4	查看应用服务器分发地址	包括所有应用服务器地址	
5	查看应用服务器分发策略	根据服务器可用性，按设定算法分发	

测试条目：数据负载均衡策略配置有效性			
测试过程：			
步骤	人工操作和/或执行的命令	要求的指标条目	结果
1	从负载均衡器系统管理界面,跟踪对数据库服务器 IP 访问的分发情况	按既定策略分到不同服务器地址	
2	以一台模拟客户端发起数据库的访问（如 sqlplus 命令）	从数据库系统查询到请求被分配到不同数据库实例	

测试条目：应用负载均衡策略配置有效性			
测试过程：			
步骤	人工操作和/或执行的命令	要求的指标条目	结果
1	从负载均衡器系统管理界面,跟踪对应用服务器 IP 访问的分发情况	按既定策略分到不同服务器地址	
2	以一台模拟客户端发起对应用的访问（如浏览器打开系统门户地址，可选）	从应用服务器软件管理界面到会话被分配到不同应用服务器实例	

4　验收流程

4.1　初验

（1）检查各类项目文档；

（2）可执行程序功能验收。

4.2　终验

（1）各类项目文档（如《需求规格说明书》《概要设计说明书》《详细设计说明书》《数据库设计说明书》《测试报告》《用户操作手册》《系统维护手册》《项目总结报告》等）；

（2）源代码验收；

（3）配置脚本验收；

（4）可执行程序功能验收；

（5）可执行程序性能验收。

4.3　移交产品

（1）移交系统源代码；

（2）移交项目文档。

3. 项目初验

甲方客户单位邀请业内相关领域专家成立验收专家组作为软件验收的组织机构。专家组成员听取各方的汇报，并对项目的文档进行审查，经质询和讨论，专家组提出评审意见。会后，项目组根据专家组评审意见逐项整改，待整改完成后再与甲方客户单位确认正式验收的时间。

4. 项目终验

初验的基础上，召开正式验收评审会。在验收会议前，项目经理将项目的验收文档全部打印装册，签字盖章。会议上专家针对验收问题提问，讨论验收结论，并出具验收意见。

5. 验收报告

由甲方业主单位和乙方软件公司共同签署验收报告，典型的项目验收报告如表 10-3 所示。

表 10-3 项目验收报告

项目名称	招议标管理系统		项目编号		ZTB-SS-20××
用户单位	××单位		联系人		孙伟
验收类型	□客户初验		■客户终验		
项目经理	曹元伟	验收时间	20××-12-10	验收地点	甲方现场
验收过程简述： 我司按照合同约定： 开发完成了"招议标管理系统"所有的功能，并已经上线试运行。 提供"招议标管理系统"所需的上述数据源接口协议类型、接口名称、数据格式，并协助甲方完成接口调试。 提供"招议标管理系统"运维体系文档，包括但不限于事件管理、问题管理、配置管理、变更管理、发布管理的五大流程，运维过程监控体系，运维知识管理，运维事件升级管理等。 该项工作已完成，并在整个建设期内配合完成项目的验收推进工作，现提出验收申请。					
系统运行状况： 按"招议标管理系统"技术开发（委托）合同规定，本合同所约定的项目内容确认实施完成，其系统运行状况如下： 系统已部署上线，运行正常。					
用户意见： 同意验收。 签字：孙伟　日期：20××年 12 月 10 日					
验收结论： 符合合同要求，验收通过。 公司签字（盖章）：　　　　　　　　　　用户签字（盖章）： 日期：20××年 12 月 10 日　　　　　　　日期：20××年 12 月 10 日					

说明：
（1）验收过程简述：简述验收参与人、时间、地点、验收方法及流程，对合同中约定的项目实施结果进行了确认。
（2）当该用户验收报告涉及应用软件时，"系统运行状况"一栏中，就功能完整性、处理正确性、界面友好性、产品可靠性、文档资料规范性等方面进行描述。
（3）报告格式可根据与用户协商的格式形成。

6. 项目移交

项目经过验收合格后，项目经理将打印好的纸质版资料、光盘（电子版资料、源码、数据库）等交给客户，待客户确认后双方在《项目资料移交确认表》上签字确认。

项目验收之日起1年内是项目的质保期，质保期乙方软件公司免费为客户提供系统的运维服务。在运维期间形成了《项目运维周报》和《项目运维服务月报》。1年的质保期后，形成了《质保期运维服务总结报告》和《质保期运维服务总结报告确认单》。

将质保期的资料与终验的资料一起整理打印、刻盘，交给客户，项目经理曹元伟、客户孙伟在更新后的《项目资料移交确认表》上签字确认，并盖上了双方单位的公章。

至此，系统的全部管理与日常维护工作和权限已移交给用户。典型的项目验收资料移交确认表如表10-4所示。

表10-4 项目资料移交确认表

项目名称：招议标管理系统

序号	资料名称	阶段	份数	总页数	提交日期	性质
1	项目章程	立项	1	10	20××-12-20	纸质原件
2	需求规格说明书	需求	1	100	20××-12-20	纸质原件
3	需求调研计划	需求	1	12	20××-12-20	纸质原件
4	需求调研记录	需求	1	15	20××-12-20	纸质原件
5	概要设计说明书	设计	1	70	20××-12-20	纸质原件
6	数据库设计说明书	设计	1	64	20××-12-20	纸质原件
7	详细设计说明书	设计	1	63	20××-12-20	纸质原件
8	用户使用手册	测试	1	132	20××-12-20	纸质原件
9	试运行记录	试运行	1	14	20××-12-20	纸质原件
⋮	⋮	⋮	⋮	⋮	⋮	⋮
30	项目运维周报	质保期	1	40	20××-12-20	纸质原件
31	项目运维服务月报	质保期	1	24	20××-12-20	纸质原件
32	质保期运维服务总结报告	质保期	1	10	20××-12-20	纸质原件
33	质保期运维服务总结报告确认单	质保期	1	1	20××-12-20	纸质原件
34	源码＋数据库＋电子版资料	质保期	1	1	20××-12-20	光盘
资料经手人（签字）：曹元伟						
资料接收人（签字）：孙伟						
					年　　月　　日	

二、项目总结

在对外的项目验收完成后，项目经理召开项目总结会议，召集项目成员在公司内部进行项目总结。项目成员把在项目中总结的经验教训，在平台中梳理成《项目总结报告》，总结在本项目中哪些方法和事情使项目进行得更好，哪些为项目制造了麻烦，以后应该在项目中避免什么情况等。"招议标管理系统"项目总结文档如下（省略封面）：

目录
1 导言
1.1 目的
1.2 范围
1.3 缩写说明
1.4 术语定义
1.5 引用标准
1.6 版本更新记录
2 项目投入总结
3 经验总结
4 教训
5 项目总结
1 导言 　　1.1 目的 "招议标管理系统"项目基本成功完成，根据项目最后评审，总结项目经验和教训。 　　1.2 范围 本文档只针对"招议标管理系统"项目总结说明。 　　1.3 缩写说明 PMO：Project Management Office（项目管理办公室）的缩写。 QA：Quality Assurance（质量保证）的缩写。 　　1.4 术语定义 无。 　　1.5 引用标准 [1]《文档格式标准》V1.0，某公司。 [2]《过程术语定义》V1.0，某公司。 　　1.6 版本更新记录 本文档的修订和版本更新记录如表 1 所示。

表 1 版本更新记录

版本	修改内容	修改人	审核人	日期
0.1	初始版	曹元伟	李伟	20××年××月××日

2 项目投入总结

项目总的投入如下：

- 软件开发历时 6 个月；
- 平均人力投入 9（开发）＋3（测试）人/天，总工作量达 84 人/月；
- 总成本 45 万元。

具体统计数据如表 2 所示，其中的任务规模饼图如图 1 所示。

表 2　项目总成本表

阶段	人力成本/元			资源成本/元		
	计划	实际	差异	计划	实际	差异
项目规划	23 414	16 860	6 554	0	0	0
产品设计	98 180	82 365	15 815	51 000	38 770	12 230
产品开发	281 981	235 262.62	46 718.38	0	0	0
产品测试	97 170	81 426.12	15 743.88	0	0	0
产品验收及提交	0	0	0	0	0	0
总计	4 98745.00	415 913.74	415 913.74	51 000	38 770	12 230
累计/元	计划：549 745		实际：454 683.74		差异：9 5061.26	

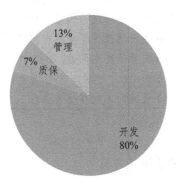

实际人力规模

图 1　任务规模饼图

3　经验总结

项目经验总结如下：

（1）一定要清楚各个阶段的时间和提交物。

（2）应及时处理客户提出的问题。

（3）针对难题，及时组织专家组攻关。

（4）不要轻易向客户承诺，一旦承诺，一定要完成承诺。

（5）软件提交给客户前，做好充分测试，做到客户问题心中有数。

（6）项目需求一定要做到位，落实到具体使用者的需求，需求没有最细，只有更细，才能在后续的开发中符合客户的需求，同时在实施过程中，以需求作为准则，不至于被客户牵着鼻子走，让客户需求达到无止境的状态。但是要避免需求变更频繁的状态。

4　教训

项目教训如下：

（1）版本发布延期。有几次发布软件版本时，临时出现问题，导致项目整体延期，客户抱怨我们不够重视，同时对我们能力产生质疑。

教训：对于公司内部版本，要有预见性地尽早安排，要比提交给客户的时间至少提前2个工作日（留足解决异常情况的时间），这样才不至于被动和受客户抱怨。

（2）反应不够及时，问题解决慢。问题解决进度不尽如人意，主要原因是一部分人力没有充分投入本项目，这方面和公司的人力状况有关，也是问题解决慢的一个主要原因（人少，项目多，任务紧急，工程师很难深入学习，仓促解决问题可能引入新问题，经验积累很难全面化，从而导致问题解决迟缓）。

教训：① 问题解决需要有前瞻性，针对难度较大的问题，尽早增加人手解决；② 依赖外部资源的问题，尽早和客户沟通，让客户心中有数，避免让客户认为问题出在我们身上。

（3）在项目开发阶段没有结束之前，不要变动项目组员。

（4）在开发过程中，避免需求频繁改动，避免无意间增加工作量。

5　项目总结

本项目开拓了开发团队的视野，增加了开发人员的技术能力，同时在项目中也遇到了诸如对新技术不熟悉造成开发前期的进展较为缓慢的问题，这个问题在经过几次培训后得到了较好的改善。这个问题告诫我们磨刀不误砍柴工，面对开发，特别是不熟悉领域的开发，在进入开发阶段之前就要做好人员的技术能力检查，针对出现的问题及早进行统一的培训和答疑。另一个问题在于系统移植，需要同时与软件和硬件打交道，开发中有时会出现软件开发没有问题，但是在设备上调试时出现问题，这往往是硬件方面出了问题。软件工程师要勇于提出问题，不要自己同自己较劲，造成时间上的延误。这主要是由于软件工程师对硬件不熟悉造成的。因此，要在开发前对软件工程师进行硬件技术的讲解和普及。这样软件工程师才能成为一个优秀的系统移植人员。

【实验结果】

《招议标管理系统项目资料移交确认表》；

《项目总结报告》。

第二篇　需求工程

实验十一　招议标项目需求获取

【实验学时】

2 学时。

【实验目的】

（1）掌握需求分析阶段前期的需求调研方法（本实验中采用的需求调研方法为先采取用户调查的方式获取部分信息，然后针对性地开展用户访谈，大家可以根据实际项目需要采用诸如问卷法、会议法、实地调研法、共同工作法等）。

（2）掌握将需求调研结果转化成需求工程的方法。

（3）熟悉核格需求工程平台（需求平台）在需求分析阶段的使用方法。

【实验内容】

本实验针对需求工程师在需求采集过程中难以准确获取用户需求的问题，围绕需求转移跟踪矩阵中的元素关联和推导方法，采用需求平台完成对需求调研过程中产生的数据的记录，实现将方法论运用于需求调研的实际操作中，使得需求工程师能深入理解方法论及熟练使用需求平台。

【实验准备】

本实验需要事先获取 D 公司的业务资料，包括公司组织架构、业务流程、原始单据等，通过这些资料实现对 D 公司业务情况的基本了解，并基于这些资料完成本实验。本实验用到的工具为需求平台。

【实验步骤】

（1）需求采集准备。

（2）需求采集。

【参考案例】

一、需求采集准备

1. 明确所需获取信息的来源与渠道

需求分析师在明确了所需要获取的信息之后，应确定获取需求信息的来源与渠道，以提高需求分析师在需求获取阶段的工作效率，使得所收集的信息更加有价值和更加全面。

获取需求信息的渠道包括：

（1）用户或客户；

（2）项目实施组；

（3）历史系统的供应商；

（4）来自项目组内。

本实验首先从用户处采集需求，基于 D 公司提供的组织架构，如图 11-1 所示，围绕这些业务部门的实际情况，为每个业务部门选取主要的调研对象，并制订调研计划。

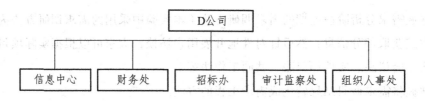

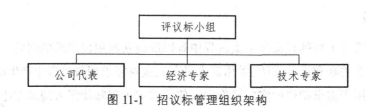

图 11-1　招议标管理组织架构

注：从提供的资料中还有一个用户"招议标责任单位"未在组织架构中，在需求采集中需要了解该用户在招议标业务中所扮演的角色，这里选取对业务流程最熟悉的"招标办"代理"招议标责任单位"进行需求采集。

2. 明确需求获取方法

在明确获取什么需求与确定需求获取渠道后，需求工程师应至少选择一种需求获取技术用以获取相关的需求，作为需求分析的依据。需求获取技术包括但不限于：用户访谈，用户调查，现场观摩用户的工作流程，观察用户的实际操作，从行业标准、规则中提取需求，需求讨论会，原型法。本实验先采用用户调查的方式获取一定量的信息，然后有针对性地开展用户访谈。

3. 完成用户访谈表

在进行用户访谈之前，需阅读企业对接人员提供的基本资料，获取一定量的信息，将存在的疑惑记录在《用户访谈提问表（模板）》中形成《招议标责任单位-用户访谈提问表》，如11-1所示。在用户访谈时就可以有针对性地进行提问，从而能更准确地获取用户需求。

表 11-1　招议标责任单位-用户访谈提问表

机构名称	访谈问题	调研结果
招议标责任单位	Q：在招议标过程中责任单位的主要工作内容是什么？	
	Q：责任单位要参加招议标申报需要做哪些准备？	
	Q：哪些内容是责任单位编写投标文件需要包含的？	
	Q：在编制邀标书的时候有哪些注意要点？	
	Q：责任单位在企业中标后需要做哪些工作？	
	⋮	

二、需求采集

在与招议标责任单位进行访谈时，记录招议标责任单位的回答，最终整理形成《招议标责任单位-用户访谈问答表》，如表11-2所示。

表 11-2　招议标责任单位-用户访谈问答表

机构名称	访谈问题	调研结果
招议标责任单位	Q：在招议标过程中责任单位的主要工作内容是什么	A：招议标责任单位主要是建立和管理合格供应信息库、招议标项目申报、编制招标文件、编制邀标书、签订招议标合同（责任单位）、撰写招标项目工作总结
	Q：责任单位要参加招议标申报需要做哪些准备	A：各责任单位根据综合经营计划提出招议标工作（年度、季度、月度）计划。责任单位某部门根据工作计划填写《招标项目申报表》并送招标办审核
	Q：哪些内容是责任单位编写投标文件需要包含的	A：标申请通过后，发出招标申请的责任单位的相关负责部门或相关负责人，根据公司的招标现状编制《招标文件》，其中包括投标须知、合同条款、技术规范要求等，正规的招标书中会要求对标书的技术规范要求进行逐条应答
	Q：在编制邀标书的时候有哪些注意要点	A：在招标办的审核招议标项目申报通过以后，发出招标申请的责任单位根据相关法律法、行业规则以及招标办的意见和建议，进行邀标书的编制工作，并将编制好的《邀标书》发送到有招标资格的"供应商"
	Q：责任单位在企业中标后需要做哪些工作	A：发布中标通知后"责任单位"与"供应商"应在规定时间内签订《招议标项目合同》。合同签订后需要出具招标项目工作总结的由招议标责任单位撰写，内容包括但不限于：招议标项目的总体情况、评议标小组工作情况、定标情况
	⋮	⋮

【实验结果】

《招议标责任单位-用户访谈提问表》;
《招议标责任单位-用户访谈问答表》。

实验十二　招议标项目业务建模（一）

【实验学时】

2 学时。

【实验目的】

（1）掌握业务建模中业务对象、业务边界及业务角色的分析获取方法。
（2）掌握将业务建模的结果转化成需求工程的方法。
（3）熟悉需求平台在业务建模阶段的使用方法。

【实验内容】

本实验针对业务建模人员在业务建模过程中无法准确理解需求工程师获取到的需求从而进行有效建模的问题，围绕需求转移跟踪矩阵中的元素关联和推导方法，采用需求平台完成实际业务的业务建模工作，实现将方法论中的业务建模思想运用到实际的操作环节中，使得业务建模人员可以深入理解方法论及熟练使用需求平台。

【实验准备】

在实验开始之前，需要准备好业务表单、业务目标表和涉众表。招议标管理系统业务表单包括招标项目申报书、邀标供方名单、定标厂商、定标审批表、招标办意见、招议标领导小组意见、投标方信息、投标方商务标排序、投标方技术标排序、投标方综合排序、监督部门意见、评标报告书、中标通知书、招议标系统业务目标表（见表12-1）和招议标系统涉众表（见表12-2）等，并基于这些资料完成本实验。

本实验用到的工具为核格需求工程平台。

【实验步骤】

（1）分析业务目标。
（2）分析涉众。
（3）提取业务对象。
（4）定义业务边界。
（5）获取业务角色。

【参考案例】

一、分析业务目标

根据表 11-2，招议标责任单位的主要工作内容是建立和管理合格供应信息库、招议标项目申报、编制招标文件、编制邀标书、签订招议标合同（责任单位）、撰写招标项目工作总结等，招议标责任单位在执行上述工作中存在效率低、管理困难、成本高的问题。根据以上分析，招议标责任单位对此的业务目标（也就是对招议标系统的期望之一）为：T1 提升对招议标项目的管理效率，达到快速、准确地对招议标的基础环节进行管理。根据该业务目标进一步分析得出其包含的子目标为以下 7 点：

（1）T1.1 方便、快速地建立和管理合格供应信息库；

（2）T1.2 支持在线招议标项目申报；

（3）T1.3 提升编制招标文件的准确度；

（4）T1.4 提升编制邀标书的准确度；

（5）T1.5 方便签订招议标项目合同；

（6）T1.6 方便提出招标意向；

（7）T1.7 方便撰写招议标项目总结。

同样分析出业务目标：T2 规范招议标管理，降低采购成本，提高经济效益。使用需求平台列出相应子目标汇总为招议标管理系统所有的业务目标表，见表 12-1。

表 12-1　业务目标列表

编号	业务目标		主要内容
T1	提升对招议标项目的管理效率，达到快速、准确地对招议标的基础环节进行管理	T1.1	建立和管理合格供方信息库：责任单位建立合格供方信息库，并实时对供方信息库进行维护和管理
		T1.2	招议标项目申报管理：责任单位填报项目申请表格并提交，招标办通过本系统对申请表格的格式、内容进行审核，以确定是否进行招标；审核通过后可以经过本系统发布招标公告，各个合格供货商可以通过本系统了解招标信息
		T1.3	编制招标文件：责任单位制标书，通过对关键栏目的设置来限制投标企业对特别栏目的填写格式与内容，符合标准格式的标书才在审核范围之内
		T1.4	编制邀标书：责任单位根据供方信息库中存在供应商信息，选择适合的供应商，为其编写邀标书
		T1.5	签订招议标项目合同：通过招标、投标过程的供应商和责任单位在招标办的组织下，签订相应的项目合同
		T1.6	提出招标意向：供应商对感兴趣的招标或邀标文件，可以提出自己的招标意向
		T1.7	撰写招标项目总结：责任单位根据不同的招标项目编写各个环节相关的项目总结

编号	业务目标		主要内容
T2	规范招议标管理，降低采购成本，提高经济效益	T2.1	监督管理：开标监督，项目评议标监督，违纪违规查处，招标方案监督
		T2.2	组织评议标：评议标小组对投标文件进行评审和比较，对评标过程中的问题进行答疑和澄清
		T2.3	专家管理：建立评标专家库并且对专家的基本信息管理，对评标专家定期考核和培训。可以即时查询专家库的所有资料，包括专家的基本信息，参与评标的表现以及培训和考核情况
		T2.4	抽取评标专家：招标办在审计监察处审核的情况下从评标专家库中按类别和确定的评标人数抽取评标专家并根据需要报领导小组批准，项目负责人担任评议标小组组长
		T2.5	项目评议标和定标审核：由招标领导小组和项目负责人审核
		T2.6	中标管理：投标方也可以登录系统在线查看自己的中标情况，这样投标单位可以实时地获得中标信息

二、分析涉众

根据招议标管理组织架构图（见图 11-1），列出招议标管理系统项目所有的涉众，如招议标责任单位，然后根据用户访谈问答表（见表 11-2）中招议标责任单位的主要职责将其定义为提供招标计划的单位，教育程度和业务经验水平很高，计算机应用能力中等，只需要稍加培训即可使用系统。如此，使用需求平台可依次列出招议标管理系统的项目涉众表（部分见 12-2）。

表 12-2　项目涉众表

编号	涉众名称	涉众定义
SH_001	招议标责任单位	招议标责任单位是指要向招标办提供招标计划的单位。教育程度高，经验丰富，业务水平很高，计算机应用能力中等，稍加培训即可使用系统
SH_002	招标办	招标办是处理招议标责任单位的招标计划，以及受理供应商投标业务的流程扭转部门。教育程度高，经验丰富，业务水平很高，具有很强计算机应用能力，稍加培训即可使用系统
SH_003	组织人事部门	组织人事部门对评议标小组成员的选择进行筛选，教育程度高，专业领域知识丰富，使用计算机的能力参差不齐
SH_004	审计监察处	审计监察处是负责对招议标工作的合规性、合法性进行过程监督的部门。教育程度高，经验丰富，业务水平很高，可流畅使用计算机
SH_005	供应商	供应商是指根据招标公告或邀标书提供适合投标方采购需求项目的企业。教育程度参差不齐，需要根据实际情况进行考虑
SH_006	财务管理部门	财务管理部门是负责对招标办财务管理的部门。教育程度高，可简单使用计算机
SH_007	评议标小组	评议标小组成员根据供应商提供的不同的资料，审核供应商的招标条件，对申请投标的供应商进行评分。教育程度高，经验丰富，专业水平很高，计算机应用能力参差不齐，大部分稍加培训即可使用系统

三、提取业务对象

根据获取的招议标业务表单，将表单项提取为要素名，备注是对要素的补充说明。一个表单提取为一个业务对象，如表12-3所示。

表12-3 招标项目申报业务对象表

要素名	备注
单位 ID	单位 ID
申请单位	需要采购的内部单位
申请日期	填表日期
单位主管签字	内部单位主管领导
邀标供方 ID	邀标供方 ID
项目名称	采购项目名称
项目内容	采购项目的主要内容（标准号或图号、名称、规格、数量）
建议完成时间	建议完成时间
建议招标方式	取值:邀标、公开招标
招标办意见	招标办意见
招议标领导小组意见	招议标领导小组意见
确定项目负责人	招议标领导小组确定项目负责人
备注	需要说明的其他事项
经办人	申请表填写人
联系电话	联系电话

中标通知书业务对象如表12-4所示。

表12-4 中标通知书业务对象表

要素名	备注
中标通知书 ID	中标通知书 ID
中标方名称	中标方名称
投标书名称	投标书名称
投标书编号	投标书编号
中标内容	中标内容
包名	包名

要素名	备注
名称	名称
规格	规格
数量	数量
中标单价	中标单价
中标总价	中标总价
合同签订单位	合同签订单位
合同签订日期	合同签订日期
其他说明	其他说明
中标通知书日期	中标通知书日期

其余的业务表单依照同样方法提取为业务对象，这里不再一一赘述。

四、定义业务边界

业务边界和业务目标是一一对应关系，根据招议标管理系统项目业务目标（见表12-1），业务目标 T1（招议标管理信息化）对应一个边界招议标管理信息化，而根据项目涉众表（见表12-3）可知，参与到招议标管理信息化业务目标实现的涉众有：招议标责任单位、供应商、招标办、评议小组、财务管理部门、组织人事部门和审计监察处。按照各自的职责划分，招议标责任单位和供应商对业务属于主动执行的角色，因此招议标责任单位和供应商在实现招议标管理信息化边界之外，其余的涉众在边界之内，如图12-1所示。

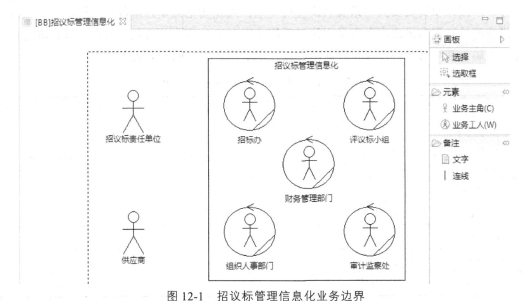

图 12-1　招议标管理信息化业务边界

业务目标 T2（规范化招议标管理）对应业务边界规范化招议标管理业务边界，参与实现的涉众有：招标办、评议标小组、财务管理部门、组织人事部门和审计监察处。其中没有涉众是被动参与到该业务目标，因此，招标办、评议标小组、财务管理部门、组织人事部门和审计监察处 5 个涉众均在边界外，如图 12-2 所示。

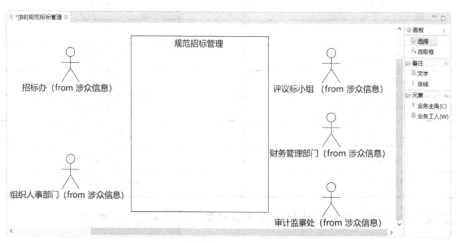

图 12-2　规范招议标管理业务边界

相应地，子业务目标按照同样的步骤分析，这里不再一一赘述。

五、获取业务角色

根据表 12-1 项目涉众表和图 12-1，业务边界外的业务角色有招议标责任单位和供应商，业务边界内的业务工人有招标办、组织人事部门、审计监察处、财务管理部门和评议标小组。对于招议标管理信息化实现业务，招议标责任单位办事员、招议标领导小组、招议标责任单位领导、招议标项目负责人与系统直接进行交互，因此演化为业务角色；同样地，在供应商中，供应商总经理和供应商办事员直接与系统交互，演化为业务角色。而在业务边界之内的业务工人属于被动与业务交互，因此不再进一步演化业务角色，如表 12-5 所示。

表 12-5　招议标管理信息化业务角色表

业务涉众	业务角色
招议标责任单位	招议标责任单位办事员、招议标领导小组、招议标责任单位领导、招议标项目负责人
供应商	供应商总经理、供应商办事员
组织人事部门	组织人事部门
审计监察处	审计监察处
招标办	招标办
财务管理部门	财务管理部门
评议标小组	评议标小组

同样再根据项目涉众表（见表 12-1）和规范招议标管理业务边界（见图 12-2），只有业务主角：招标办、评议标小组、财务管理部门、组织人事部门和审计监察处，全部演化为业务角色，如表 12-6 所示。

表 12-6　规范招议标管理业务角色表

业务涉众	业务角色	
组织人事部门	组织人事部门办事员、组织人事部门经理	
审计监察处	审计监察处办事员	
招标办	招标办办事员、招标办主任	
财务管理部门	财务管理部门经理、财务出纳	
评议标小组	评议标小组组长、评议标小组成员	

【实验结果】

《招标项目申报业务对象表》;

《中标通知书业务对象表》;

《招议标管理信息化业务边界图》;

《规范招议标管理业务边界图》;

《招议标管理信息化业务角色表》;

《规范招议标管理业务角色表》。

实验十三 招议标项目业务建模（二）

【实验学时】

2学时。

【实验目的】

（1）掌握业务建模阶段业务场景、业务用例和业务情景的建模方法。

（2）掌握将业务场景、业务用例和业务情景建模结果转化成需求工程的方法。

（3）熟悉需求平台在业务建模阶段的使用方法。

【实验内容】

本实验针对需求工程师在业务建模中难以准确分析得出业务场景、业务用例和业务情景的问题，围绕需求转移跟踪矩阵中的元素关联和推导方法，采用需求平台完成业务场景、业务用例和业务情景建模过程数据的记录，实现将方法论运用于业务建模的实际操作中，使得需求工程师能深入理解方法论及熟练使用需求平台。

【实验准备】

本实验需要事先准备好用户访谈问答表（见表11-2）、业务对象表（见表12-3和表12-4）、业务角色表（见表12-5和表12-6）、业务边界图（见图12-1和图12-2）等，通过这些资料实现对业务建模阶段中业务对象、业务边界及业务角色的基本了解，并基于这些资料完成本实验。本实验用到的工具为需求平台。

【实验步骤】

（1）建立业务用例图。

（2）建立业务场景。

（3）建立业务情景。

【参考案例】

一、建立业务用例图

（1）根据表11-2、表12-5和图12-1，分析招议标管理系统业务角色在招议标管理业务中的主要工作职责，在需求平台中梳理形成业务角色的期望或动作，如可将招议标责任单位的主要工作内容整理出动作：填报招议标项目申报表、总结招议标、签订招议标合同。招议标管理信息化业务边界和内部管理业务边界中的全部业务角色的主要工作内容拆分结果如表13-1和表13-2所示。

表13-1　招议标管理业务角色动作表

业务角色	动作
招议标责任单位	填报招议标项目申报表、总结招议标、签订招议标合同
招议标项目负责人	开标、评标
招议标领导小组	定标
招标办	制定招标方案、发布标书、收取标书、抽取评议标专家、议标、发布中标通知
财务管理部门	结算

表13-2　内部管理业务角色动作表

业务涉众	动作
组织人事部门	管理评标专家库、组织对评标专家考核和培训
审计监察处	监督招标办、提出监督意见、审核评议标小组成员
招标办	审核招标申请、发售标书、标书标号密封备案、成立评议标小组、招议标资料归档、呈报评标议标结果、提出对评标专家的评价意见、填写定标审批表、发放中标通知书
财务管理部门	盖章合同核算、开具发票

（2）根据表13-1和表13-2在需求平台中绘制招议标管理和内部管理业务的业务用例图，如图13-1和图13-2所示。

二、建立业务场景

（1）招议标管理系统涉及多个业务，基于用户访谈问答表和各个业务用例图并分析总体业务目标后，整理得出两个具体的业务：一是招议标管理业务，此业务主要保证整个招标、投标过程的有序顺利进行；二是内部管理业务，此业务主要负责保证整个招议标过程中招标办和其他部门之间有效的工作协作，确保招标办能够正确公平地进行招议标的相关工作。

参与招议标管理业务的各个角色对应的业务职责如表13-3所示。

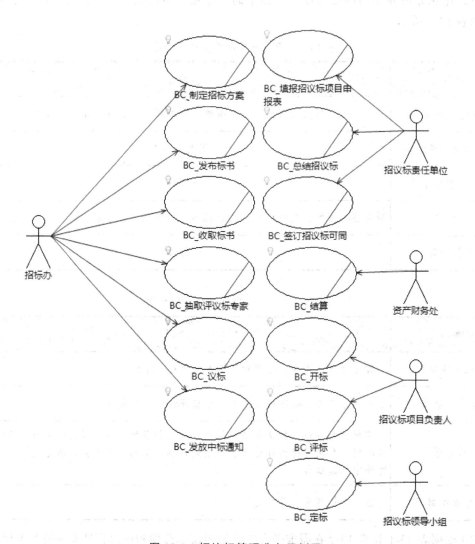

图 13-1　招议标管理业务用例图

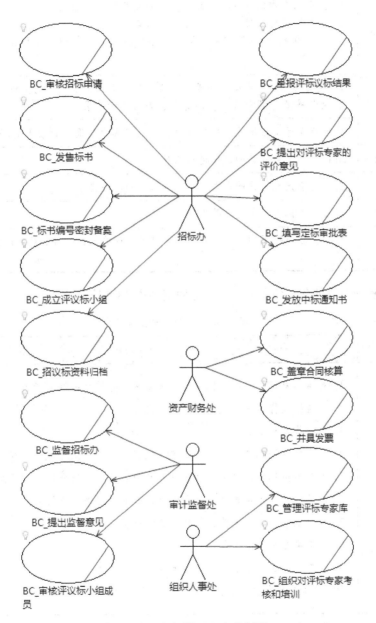

图 13-2　内部管理业务用例图

表 3-13　招议标管理业务

角色名称	业务描述
招议标责任单位	1. 提出职责内的招议标计划，填报招议标项目申报表 2. 编制招议标文件，对其完整性和准确性负责 3. 签订和履行招议标项目合同；合同副本（或复印件）传递至招标办等相关部门
供应商	1. 根据招标公告或邀标书提供适合投标方采购需求项目的企业 2. 可以查看招标公告、编制标书、查看评标结果
招标办	处理招议标责任单位的招标计划，以及受理供应商投标业务的流程扭转
组织人事部门	对评议标小组成员的选择进行筛选
审计监察处	负责对招议标工作的合理性、合法性进行过程监督
财务管理部门	负责对招标办财务进行管理
评议标小组	根据供应商提供的不同的资料，审核供应商的招标条件，对申请投标的供应商进行评分

参与内部管理业务的各个角色对应的业务职责如表 13-4 所示。

表 13-4　内部管理业务

角色名称	业务描述
招标办	1. 对招标责任提交的招标文件进行审核，并转报招标申请表。 2. 审核招议标责任单位编写的投标文件。 3. 负责收发标书。 4. 负责抽取评标专家，协助招议标项目负责人组织评标、议标。 5. 负责向招标责任单位、供应商和其他各部门呈报评标、议标结果。 6. 向招标责任单位和供应商发中标通知书并督促其签订合同。 7. 负责招议标资料建档、归档和统计分析。 8. 负责填写定标审批表。 9. 负责对评议标小组的评议情况统计，并定标。 10. 负责向组织部门提出对评标专家的评价意见
组织人事部门	负责组织对评标专家考核和培训，管理评议标专家档案
审计监察处	负责监督整个招议标过程
财务管理部门	负责对投标的供应商收取标书费用
评议标小组	负责对供应商提交的投标文件进行评标打分

（2）根据表 13-3 中业务角色的职责在需求平台中绘制招议标管理业务场景泳道图，如图 13-3 所示。

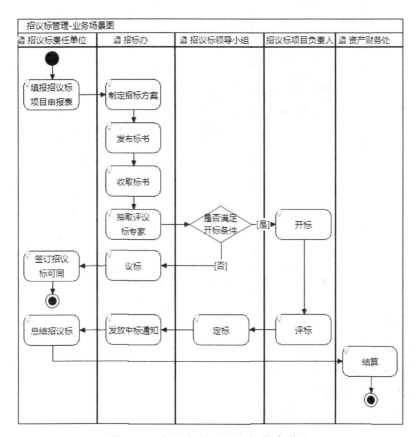

图 13-3　招议标管理业务场景泳道图

内部管理业务的业务场景绘制方式与图 13-3 一致，在此不再——赘述。

三、建立业务情景

（1）根据图 13-3 中的动作，拆分出具体的业务情景，如填报招议标项目申报表可拆分出以下 5 个业务情景：

① 招议标责任单位提出招议标工作计划。

② 招议标责任单位填写招议标申报表。

③ 招标办审核意见。

④ 招议标领导小组进行招标审核。

⑤ 招议标领导小组确定项目负责人。

（2）在需求平台中绘制业务情景泳道图，如图 13-4 所示。

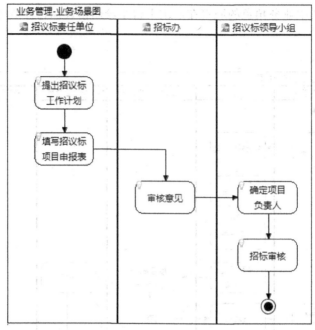

图 13-4　填报招议标项目申报业务情景视图

【实验结果】

《招议标管理信息化业务用例图》；

《规范招议标管理业务用例图》；

《招议标业务场景泳道图》；

《填报招议标项目申报业务情景视图》等业务情景视图。

实验十四　招议标项目系统建模（一）

【实验学时】

2 学时。

【实验目的】

（1）掌握需求分析阶段概念实体、系统用户、系统用例、系统模块和系统情景的系统建模方法。

（2）掌握将概念实体、系统用户、系统用例、系统模块和系统情景的业务建模结果转化成需求工程的方法。

（3）熟悉需求平台在需求分析阶段的使用方法。

【实验内容】

本实验根据业务建模实验得到的相关结果，围绕需求转移跟踪矩阵中的元素关联和推导方法，采用需求平台完成系统建模过程数据的记录，实现将方法论运用于系统建模的实际操作中，使得需求工程师能深入理解方法论及熟练使用需求平台。

【实验准备】

本实验需要事先准备业务建模实验的结果资料，包括业务用例图（见图 13-1 和图 13-2）、业务对象表（见表 12-3 和表 12-4）、业务角色表（见表 12-5 和表 12-6）、业务场景图（见图 13-3）和业务情景视图（见图 13-4）等，通过这些资料加深对 D 公司业务情况的了解，基于这些资料完成本实验。本实验用到的工具为需求平台。

【实验步骤】

（1）获取概念实体。

（2）汇总系统用户。

（3）获取系统用例。

（4）划分系统模块。

（5）构建系统情景。

【参考案例】

一、获取概念实体

概念实体主要由业务对象演变而来，但不全部来源于业务对象，可以通俗理解为数据库表。如将招议标项目申报业务对象演化为概念实体，概念实体的字段名来源于招议标项目申报业务对象要素名。根据招标项目申报业务对象表（见表12-3）在需求平台中绘制的概念实体，如表14-1所示。

表14-1 招议标项目申报概念实体表

业务对象要素名	概念实体字段名
单位 ID	单位 ID
申请单位	申请单位
申请日期	申请日期
单位主管签字	单位主管
邀标供方 ID	邀标供方 ID
项目名称	项目名称
项目内容	项目内容
建议完成时间	建议完成时间
建议招标方式	建议招标方式
招标办意见	招标办意见
招议标领导小组意见	招议标领导小组意见
确定项目负责人	确定项目负责人
备注	备注
经办人	经办人
联系电话	联系电话

其他业务对象表的概念实体以同样方法得到，此处不再赘述。

二、汇总系统用户

系统用户来源于业务角色，根据招议标管理信息化业务角色表（见表12-5）和规范招议标管理业务角色表（见表 12-6），在需求平台中汇总招议标管理信息化业务和规范招议标管理业务的系统用户，如表14-2所示。

表14-2 系统用户职责描述

编号	用户名称	职责描述
U001	招议标责任单位办事员	承担建立供方信息库，编写招标申请、招标文件、邀标书、项目合同、招标总结等文档的工作
U002	招议标责任单位主任	承担对责任单位招标文件的审核工作

编号	用户名称	职责描述
U003	招标办办事员	承担处理责任单位的招标文件、发售标书、发送中标公告等工作
U004	招标办主任	承担对招标和投标过程中各个文件的审批确定工作
U005	评议标小组组长	评议标组员各自填写评分表，评议标小组长进行汇总，承担对供应商投标相关文件的总体评价工作

三、获取系统用例

系统用例来源于业务情景，首先根据业务情景分析，招议标管理主要是由招议标责任单位进行招议标项目申报、提交招标文件等操作，招标办代理供应商提交投标文件，评议标小组评标，以及招标办对招议标项目申报审核、对招标文件审核、定标、管理中标通知书等操作组成。通过招议标管理，可以让整个招标、投标顺利完成，最终招议标责任单位与供应商建立合作关系，完成招议标过程。

例如，在填报招议标项目申报表的活动中，根据填报招议标项目申报业务情景视图（见图13-4），招议标责任单位办事员主要有3个动作：

（1）招议标项目申报；

（2）审核招标申请；

（3）管理招议标项目总结文件。

然后使用需求平台画出系统用例图，如图14-1所示。

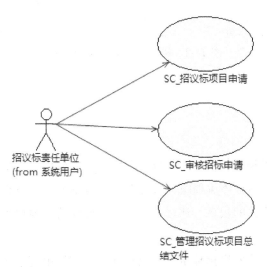

图 14-1 招议标项目申报管理系统用例图

然后根据其他的业务情景视图，将各个角色动作列出，在需求平台中进行汇总，可得到具体的招议标管理系统用例图，如图 14-2 所示。

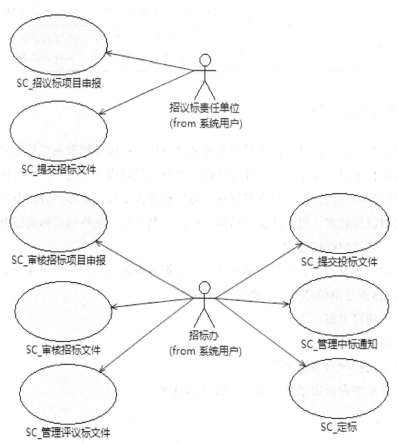

图 14-2　招议标管理系统用例图

四、划分系统模块

　　根据招议标管理业务场景泳道图（见图 13-3），可以分析出整个招议标系统的核心主线流程，并在需求平台中绘制总体流程图，如图 14-3 所示，在此流程图中，责任单位与招标办在整个系统中扮演着最主要的角色。通过此流程图，能够清楚地得出系统招标、投标整个过程的处理流程。

　　招议标流程由责任单位发出招标申请，招标办进行招标申请审核。在审核通过以后，责任单位提交招标文件至招标办，招标办上传投标文件，并成立评议标小组进行评标。在评议标小组评标之后，招标办对当前招标申请进行定标，并整理资料归档备案，然后发出中标通知。责任单位招标办发布中标通知以后，上传合同并进行招标总结。

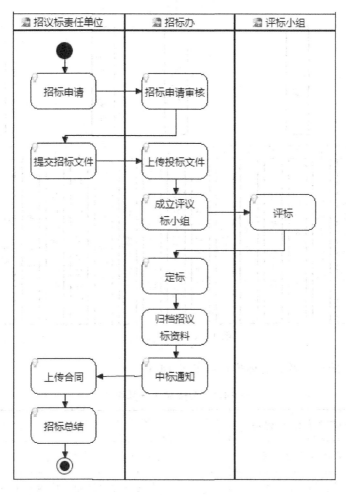

图 14-3　系统总体流程图

根据系统总体流程图，划分出 3 个模块，分别是招议标管理模块、内部管理模块和系统管理模块，其中招议标管理模块和内部管理模块是核心模块。在招议标管理模块中包含着管理合格供方库、招议标项目申报、提交招标文件、管理招议标项目合同、管理招标项目工作总结以及提交投标文件。在内部管理模块中包含有审核招标文件、管理标书、管理评议标小组、填写定标审批表、管理中标通知书、归档招议标资料、评标、定标、管理评标专家。系统管理模块主要是对系统整体进行管理和维护，主要包括模块管理、用户管理、部门管理、角色管理。

在需求平台中绘制具体的招议标管理系统总体模块，如图 14-4 所示。

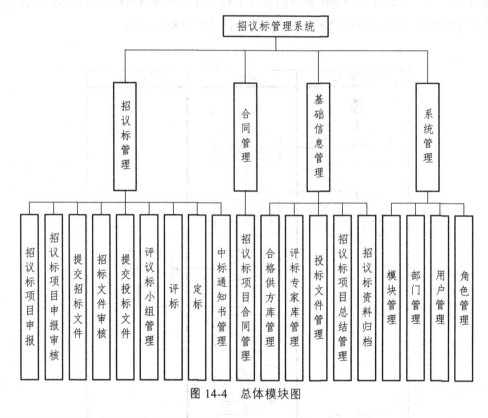

图 14-4　总体模块图

招议标管理系统模块及其总体描述可见表 14-3。

表 14-3　系统模块及其描述

模块名称	子模块名称/标识符	描述
招议标管理	管理合格供方库	责任单位完成对合格供方信息的管理维护
	招议标项目申报	责任单位填写相关的项目申报文件
	提交招标文件	责任单位将经过内部审批的招标文件提交给招标办
	管理招议标项目合同	责任单位草拟项目合同，并对已有的所有项目合同进行管理
	管理招标项目工作总结	编写每一次的招标项目工作总结，并管理维护
	提交投标文件	供应商提交投标文件给招标办

五、构建系统情景

系统情景视图是描述某个系统用例的具体步骤，故可以根据招议标管理系统用例图（见图 14-2）在需求平台直接绘制系统情景图，并详细描述系统情景图的执行脚本说明。

1. 招议标项目申报描述

招议标责任单位根据自己的实际需求，为了采购物品，需要进行招议标项目申报。责任单位办事员填写具体的招议标项目申报表，并通过责任单位领导的审核，最终通过系统查看申报表是否通过审核。

系统用例场景如图 14-5 所示。

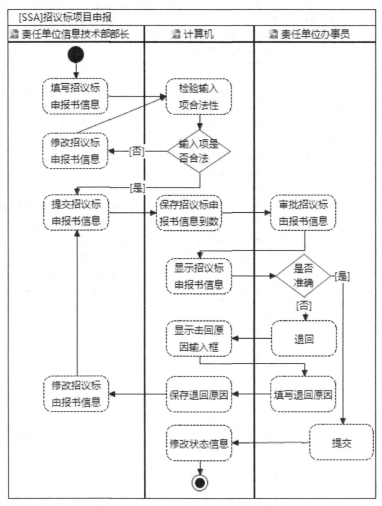

图 14-5 招议标项目申报系统活动图

该系统用例场景的执行脚本需求说明如表 14-4 所示。

表 14-4 招议标项目申报系统需求说明

系统用例编号	MOD_BMS_BM_02		测试用例编号	
系统用例名称	**Su_招议标项目申报**			
用例描述	招议标责任单位办事员填写招议标申报书信息并提交给招标办；招议标责任单位信息技术部部长审批通过后提交给系统展示，完成招议标项目申报流程			
执行者	招议标责任单位办事员、招议标责任单位信息技术部部长			
输入	收集的招标申请信息，根据提示输入项目编号、项目名称、项目内容、提交日期和备注等			
输出	符合要求的招议标申报书			
前置条件	招议标责任单位办事员和部长成功登录系统。 招议标责任单位信息的招标申请通过内部相关管理部门审核			
后置条件	招议标责任单位信息技术部门创建新的项目申报书，并生成唯一项目申报书编号。 系统能成功展示完成的项目申报书。 推进至招议标项目流程的下一环节			
主事件流描述	招议标责任单位办事员选择填写招议标申报书，计算机检验输入项的合法性。若输入项不合法，执行异常过程 1.1.1；若输入项合法，执行主过程 2。 招议标责任单位办事员选择提交招议标申报书，计算机保存至数据库。 招议标责任单位信息技术部部长选择查看招议标申报书，计算机显示招议标申报书信息以供查看。部长对招议标申报书信息进行审批，审批招议标申报书内容是否准确。若内容不准确，执行异常事件 3.1.1；若内容准确，执行主事件 4。 招议标责任单位信息技术部部长选择提交招议标申报书，计算机修改其状态信息，以供查看。 计算机生成唯一招议标申报书编号。 计算机将申请过程推进至下一环节，用例结束			
分支事件描述	无			
异常事件描述	1.1.1 招议标申报书输入项不合法，招议标责任单位办事员修改议标申报书信息。结果返回 1。 3.1.1 招议标申报书内容不准确，退回给计算机。 3.1.2.1 计算机显示退回原因输入框，并提示输入退回原因。 3.1.2.2 计算机保存退回原因，并提醒给招议标责任单位办事员。 3.1.2.3 招议标责任单位办事员修改招议标申报书信息，返回 2			
业务规则	无			
涉及的业务实体	无			
注释和说明	无			

2. 提交招标文件

招议标责任单位通过系统录入相应的招标文件信息，选择审核，将招标文件提交给责任单位负责人审核，审核通过，直接通过系统提交给招标办进行相应处理。系统用例场景图如图 14-6 所示。

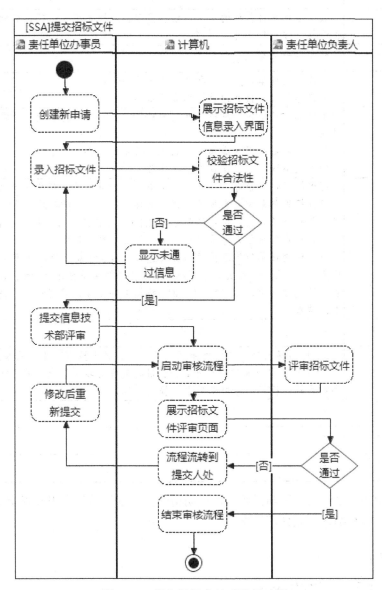

图 14-6　提交招标文件系统活动图

该系统用例场景图的执行脚本需求说明如表 14-5 所示。

表 14-5 提交招标文件系统需求说明

系统用例编号	MOD_BMS_BM_03		测试用例编号	
系统用例名称	Su_提交招标文件			
用例描述	招议标责任单位办事员创建新的申请，录入招标文件信息并提交给招议标责任单位信息技术部部长评审。评审通过后提交给系统展示，完成提交招标文件流程			
执行者	招议标责任单位办事员、招议标责任单位信息技术部部长			
输入	收集招标文件需要的信息，根据提示输入项目编号、项目名称、提交日期和备注等，并上传文件			
输出	符合要求的招标文件			
前置条件	招议标责任单位办事员和部长成功登录系统。 招议标项目申报书通过招标办的审核			
后置条件	招议标责任单位信息技术部门创建新的招标文件并提交，生成唯一项目申报书编号。 其他有权限的用户能够通过系统查看招标文件。 推进至招议标项目流程的下一环节			
主事件流描述	招议标责任单位办事员创建招标申请，计算机展示招标文件录入界面。 招议标责任单位办事员录入招标文件信息，计算机自动检验招标文件表单信息。若验证不通过，执行异常事件2.1.1，若验证通过，执行主事件3。 招议标责任单位办事员将招标文件提交给部长评审。 招议标责任单位信息技术部部长选择评审，计算机启动评审了流程并展示招标文件评审页面。部长评审招标文件，若文件未通过评审，执行异常事件4.1.1；若文件通过评审，计算机生成唯一招标文件编号，并将流程推进至下一环节，用例结束			
分支事件描述	无			
异常事件描述	2.1.1 招标文件表单信息验证不通过，计算机显示不通过原因，返回2。 4.1.1 招标文件未通过评审，计算机将流程流转到提交人处。招议标责任单位办事员修改招标文件信息后重新提交，返回4			
业务规则	无			
涉及的业务实体	无			
注释和说明	无			

其他系统用例的系统情景图与系统需求说明请参照招议标项目申报和提交招标文件在需求平台中进行绘制与描述，此处不再赘述。

【实验结果】

《招议标管理系统概念实体表》；

《系统用户职责描述》；

《招议标项目申报管理系统用例图》；

《总体模块图》；

《招议标项目申报系统活动图》。

实验十五 招议标项目系统建模（二）

【实验学时】

2 学时。

【实验目的】

（1）掌握需求分析阶段后期界面原型、概要视图、用户视图的系统建模方法。

（2）掌握将系统建模结果转化成需求工程的方法。

（3）熟悉需求平台在需求分析阶段的使用方法。

【实验内容】

本实验针对需求工程师在系统建模阶段难以准确分析出界面原型、概要视图、用户视图的问题，围绕需求转移跟踪矩阵中的元素关联和推导方法，采用需求平台完成系统建模过程文件的编辑，实现将方法论运用于系统建模的实际操作中，使得需求工程师能深入理解方法论及熟练使用需求平台。

【实验准备】

本实验需事先准备好招议标项目申报系统活动图（详情见实验十四图 3-12 招议标项目申报系统活动图）、招议标项目申报系统需求说明（详见实验十四表 3-16 招议标项目申报系统需求说明表）、系统用例图（详情见实验十四图 3-8 招议标项目申报管理系统用例图、图 3-9 招议标管理系统用例图）以及原始单据，基于这些资料完成本实验，本实验用到的工具为需求平台。

【实验步骤】

（1）设计界面原型。

（2）获取概要视图。

（3）获取用户视图。

【参考案例】

一、设计界面原型

本实验以系统用例中的"招议标项目申报"为例讲解如何进行低保真原型的绘制，根据对招议标项目申报系统活动图（见图 14-5）和招议标项目申报系统需求说明（见表 11-1）的分析，可以得出招议标项目申报管理的操作包含增删改及提交审核功能，在需求平台中进行原型界面的绘制，页面布局使用单表维护经典的南北布局，南布局放表格展示所有申请数据，北布局添加表单用来编辑单条申请数据编辑，根据原始单据中的《招议标项目申报表》内容添加表单项及表格列，因此设计的关键原型界面如图 15-1 所示，招议标项目申报界面图所示，界面原型完成后需要反复与用户确认修改，最终形成完善的低保真原型。

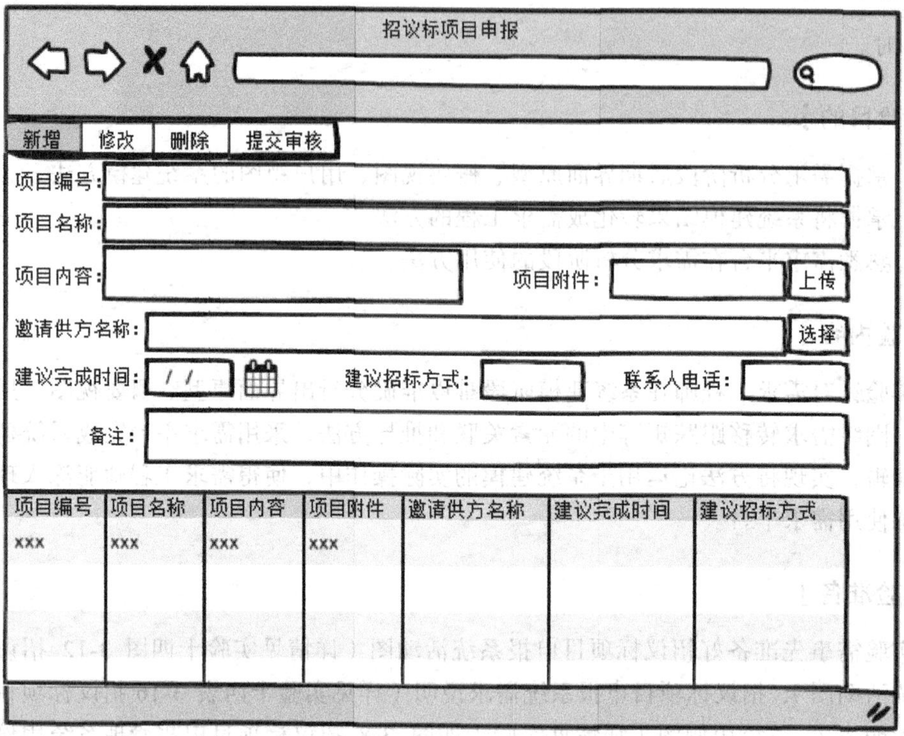

图 15-1　招议标项目申报界面

每个界面原型都有对应的用例脚本，也就是以文本表格形式描绘原型界面对应的系统用例、角色和条件，将界面原型上绑定的事件——列举。

招议标项目申报原型界面详细描述如下：

关联系统用例：填报招议标项目申报表。

用例描述：招议标责任单位办事员填写招议标申报书信息并提交给招标办；招议标责任单位信息技术部部长审批通过后提交给系统展示，完成招议标项目申报流程。

（1）执行角色：招议标责任单位经办人；

（2）用户视图：新增项目等；

（3）业务逻辑：处理新增业务；

（4）数据实体：申报表等。

将脚本内容录入需求平台，如图 15-2 所示。

系统用例名称	填报招议标项目申报表		
页面名称	[PP]_填报招议标项目申报表		
用例描述	招议标责任单位办事员填写招议标申报书信息并提交给招标办；招议标责任单位信息技术部部长审批通过后提交给系统展示，完成招议标项目申报流程。		
执行角色	招议标责任单位经办人		
前置条件			
后置条件			
主事件流：			
用户视图 (View)	业务逻辑 (Busi)	数据实体 (Entity)	
1.新增项目			
addDeclareInviteBid	2.处理新增项目		
	declareInviteBidBusi		
		MANAGEROLEMANBUSI_申报表	
备选说明	无		
处理过程	无		
异常原因	无		
处理方式	无		

图 15-2 填报招议标项目申报表用例脚本

二、获取概要视图

概要视图来源于用例脚本，将用例脚本中的用户视图、业务逻辑和数据实体元素按照边界类、业务类和实体类进行分类统计。

将所有用例脚本中的"用户视图"进行汇总整理得到边界类视图，如图 15-3 所示。

页面名称	元素名称	界面说明
PP_管理评议标小组	mamageEvalTeamForm	
PP_审核招标文件	checkInviteBidFileForm	
PP_用户信息管理	manageUserForm	
PP_管理角色信息	manageRoleForm	
PP_管理招议标项目合同	manageContractForm	
PP_投标文件管理	manageBidFileForm	
PP_招议标资料的归档	sumMaterialForm	
PP_提交投标文件	declareBidFileForm	
PP_供方管理	manageInfoForm	
PP_审核招标申请	checkInviteBidForm	
PP_评标专家库管理	manageExpertForm	
PP_管理招议标项目总结	manageSumFileForm	
PP_定标	decideBidForm	
PP_管理角色人员	manageRoleForm	
PP_部门人员管理	manageDepmanForm	
PP_部门管理	manageDepartmentForm	
PP_提交招标文件	declareInviteBidFileForm	
PP_角色授权	roleAuthorizeForm	
PP_填报招议标项目申报表	addDeclareInviteBid	
PP_管理中标通知书	notifyBidFileForm	
PP_评标	evalueBidForm	
PP_模块管理	manageModForm	

图 15-3　招议标管理系统边界类视图

将用例中的"业务逻辑"进行统计汇总得到业务类视图，如图15-4所示。

页面名称	业务类	业务说明
PP_管理评议标小组	mamageEvalTeamBusi	
PP_审核招标文件	checkInviteBidFileForm	
PP_用户信息管理	manageUserBusi	
PP_管理角色信息	manageRoleBusi	
PP_管理招议标项目合同	manageContractBusi	
PP_投标文件管理	manageBidFileBusi	
PP_招议标资料的归档	sumMaterialBusi	
PP_提交投标文件	declareBidFileBusi	
PP_供方管理	manageInfoBusi	
PP_审核招标申请	checkInviteBidBusi	
PP_评标专家库管理	manageExpertBusi	
PP_管理招议标项目总结	manageSumFileBusi	
PP_定标	decideBidBusi	
PP_管理角色人员	manageRolemanBusi	
PP_部门人员管理	manageDepmanBusi	
PP_部门管理	manageDepartmentBusi	
PP_提交招标文件	declareInviteBidFileBusi	
PP_角色授权	roleAuthorizeBusi	
PP_填报招议标项目申报表	declareInviteBidBusi	
PP_管理中标通知书	notifyBidFileBusi	
PP_评标	evalueBidBusi	
PP_模块管理	manageUserBusi	

图 15-4　招议标管理系统业务类视图

将用例中的"数据实体"进行统计汇总得到实体类视图，如图 15-5 所示。

页面名称	实体类
PP_用户信息管理	MANAGEUSERENTI_用户管理
PP_管理角色信息	MANAGEROLEENTI_管理角色信息
PP_管理招议标项目合同	MANAGECONTRACTENTI_项目合同
PP_投标文件管理	MANAGEBIDFILEENTI_投标文件
PP_招议标资料的归档	SUMMATERIALENTI_招议标资料
PP_供方管理	MANAGEINFOENTI_供方
PP_审核招标申请	CHECKINVITEBIDENTI_招标申请审核
PP_评标专家库管理	MANAGEEXPERTENTI_评标专家库
PP_管理招议标项目总结	MANAGESUMFILEENTI_项目总结
PP_定标	DECIDEBIDENTI_定标
PP_管理角色人员	MANAGEROLEMANENTI_管理角色人员
PP_部门人员管理	MANAGEUSERENTI_部门人员管理
PP_部门管理	MANAGEDEPARTMENTENTI_部门管理
PP_角色授权	ROLEAUTHORIZEENTI_角色授权
PP_填报招议标项目申报表	MANAGEROLEMANBUSI_申报表
PP_管理中标通知书	NOTIFYBIDFILEENTI_中标通知书
PP_评标	EVALUEBIDENTI_评标
PP_模块管理	MANAGEMODENTI_模块管理

图 15-5 招议标管理系统实体类视图

三、获取用户视图

根据系统核心执行流程图和系统情景图，划分出每个系统用户涉及的功能模块。具体的用户模块清单及其描述见表 15-1。

表 15-1　用户模块清单及其描述

用户名称	子模块名称/标识符	描述
U001 招议标责任单位办事员	管理合格供方库	招议标责任单位办事员在系统供方信息库中创建、录入供应商信息
	招议标项目申报	招议标责任单位办事员在系统中填写、修改招议标申报书信息，并提交至系统等待招议标责任单位信息技术部部长审批
	提交招标文件	招议标责任单位办事员在系统中创建申请，填写录入招标文件信息。并提交至系统等待招议标责任单位信息技术部部长审核
	管理招议标项目合同	招议标责任单位办事员通过系统编写、修改合同，并提交至系统等待招议标责任单位信息技术部部长审核
	管理招标项目工作总结	招议标责任单位办事员在系统在创建、录入、修改总结文件
	提交投标文件	供应商提交投标文件给招标办
U002 招议标责任单位主任	招议标项目申报	招议标责任单位信息技术部部长在系统中查看、审核招议标申报书是否通过，提交至系统
	提交招标文件	招议标责任单位信息技术部部长在系统中查看、审核招标文件是否通过，并提交至系统
	管理招议标项目合同	招议标责任单位信息技术部部长在系统中查看、审核项目合同是否符合要求，并提交至系统
U003 招标办办事员	提交招议标文件（代理供应商执行）	招标办办事员在系统中填写、修改、提交投标文件
	管理投标文件（代理供应商）	招标办办事员通过系统编辑、修改投标文件
	管理评议标小组	招标办办事员在系统的专家列表中勾选出项目的专家，并提交至系统等待招标办主任的评审
	定标	招标办办事员在系统中填写、修改定标审批表，并提交至系统等待招标办主任的审批
	管理中标通知书	招标办办事员在系统创建、录入、提交中标通知书
	归档招议标资料	招标办办事员在系统创建招议标资料归档信息，并录入、提交至系统
U004 招标办主任	审核招议标申请	招标办主任在系统中审核招议标申报书信息是否符合招标标准，并将审批的结果提交至系统
	管理评议标小组	招标办主任在系统中查看、评审办事员选出的专家是否符合要求，并将结果提交至系统
	定标	招标办主任在系统中查看、审批定标审批表是否符合规定，并将结果提交至系统
U005 评议标小组组长	评标	评议标小组组长在系统中填写录入评估申报书

根据系统用户功能清单，提炼用户对应的动作。

由招议标责任单位办事员涉及的功能模块可总结出动作：招议标项目申报、审核招标申请、合格供方库管理、管理招议标项目总结文件四个。用户视图如图 15-6 所示。

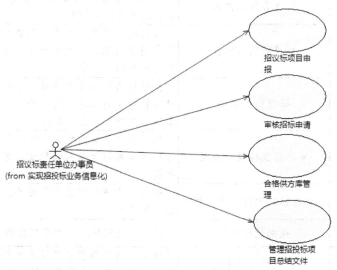

图 15-6　招议标责任单位办事员用户视图

【实验结果】

《招议标管理系统业务目标表》；

《招议标管理系统实体类视图》；

《招议标责任单位办事员用户视图》。

第三篇　设计工程

实验十六　总体设计

【实验学时】

2 学时。

【实验目的】

（1）掌握系统总体设计的用户角色、约束、假设与依赖关系、系统架构设计、接口设计和系统环境需求等内容的编写。

（2）掌握将总体设计结果转化成设计工程的方法。

（3）熟悉设计平台在总体设计阶段的使用方法。

【实验内容】

本实验根据需求分析得到的相关结果，围绕设计转移跟踪矩阵中的元素关联和推导方法，采用设计平台完成系统总体设计的用户角色、约束、假设与依赖关系、系统架构设计、接口设计和系统环境需求等内容的编写，实现将方法论运用于系统设计的实际操作中，使得设计工程师能深入理解方法论及熟练使用设计平台。

【实验准备】

本实验需事先准备好需求分析中用户角色职责表、限制开发人员选择的任何其他事项的一般描述、系统假设与系统依赖关系等，基于以上材料完成系统的架构设计、接口设计以及相关的系统环境需求。本实验用到的工具为设计平台。

【实验步骤】

（1）编写用户角色表。

（2）编写系统约束。

（3）编写系统假设与依赖关系。

（4）编写系统架构设计。

（5）编写系统接口设计。

（6）编写系统环境需求。

【参考案例】

一、编写用户角色表

业务需求完成后，系统设计的用户角色即来源于需求分析中的用户角色职责表。本项目需求涉及的最终用户定义如表 16-1 所示。

表 16-1　系统用户职责描述

编号	用户名称	职责描述
U001	招议标责任单位办事员	承担建立供方信息库，编写招标申请、招标文件、邀标书、项目合同、招标总结等文档的工作
U002	招议标责任单位主任	承担对责任单位招标文件的审核工作
U003	招标办办事员	承担处理责任单位的招标文件、发售标书、发送中标公告等工作
U004	招标办主任	承担对招标和投标过程中各个文件的审批确定工作
U005	评议标小组组长	评议标组员各自填写评分表，评议标小组组长进行汇总，承担对供应商投标相关文件的总体评价工作

二、编写系统约束

系统约束主要列出将会限制开发人员选择的任何其他事项的一般描述，主要包括法律法规、硬件局限、与其他系统的接口、并行操作、审核功能、控制功能、高级语言需求、可靠性需求、应用的关键性、安全和保密安全考虑等。

在招议标系统的建设过程中，需要遵守相应的法律、法规及规范性文件，需要遵守相关规划及公告。

为了完成本系统，需要处理能力较强的计算机，处理器要求主频在 2.0 GHz 以上，内存在 4GB 以上，需要联网传递数据，最低带宽 4Mb/s 等。

三、编写系统假设与依赖关系

系统假设与依赖关系主要描述系统设计和实现中受到的约束，包括设计与实施策略、开发工具、团队结构、时间表、遗留代码等，也包括运行环境的一些标准采用情况，如网络的通信标准、中间件遵循的标准、终端需要遵循的标准、用户需要具备的基本技能等。

招议标管理系统的系统假设与依赖关系如下：

（1）建议系统运行寿命的最小值：

系统运行寿命的最小值应达四年。

（2）进行系统方案选择比较的时间：

系统方案选择比较的时间为一个月。

（3）经费、投资方面的来源和限制：

公司支出全部费用。

（4）法律和政策方面的限制：

系统符合相关法律和规定。

（5）硬件、软件、运行环境和开发环境方面的条件和限制：

① 硬件环境：

- PII 或更高档微机、笔记本式计算机；
- 运行时内存要求：1 GB；
- 安装所需硬盘：100 MB；
- 打印机：可选。

② 软件环境：

- 操作系统：Windows；
- 数据库系统（DBS）：MySQL；
- 运行环境：JRE。

（6）可利用的信息和资源：

可参考已有的应用程序和数据库管理系统。

（7）系统投入使用的最晚时间：

项目合同书规定的完成时间。

四、编写系统架构设计

系统架构设计主要是描述系统的总体框架，一般从逻辑架构、物理架构和功能框架三个角度介绍系统组成。

1. 逻辑架构

逻辑架构从技术角度描述软件系统由哪些逻辑元素组成以及这些逻辑元素之间的关系。

招议标管理系统的逻辑架构主要是分为页面层、协同层、流程层、服务层、组件层、资源层等六层架构。

（1）页面层：支持基于 JSF 标准组件的封装与调用，可将数据交互封装成代理服务组件；支持基于 JSF 界面开发、风格切换、界面框架切换；支持用户自定义界面；支持自定义脚本开发。

（2）协同层：支持 HTTP（S）、Socket、Web Service、Ajax 等多种接入方式；支持客户端以 JMS、Web Service 等多种调用模式接入，允许第三方应用通过客户端接口访问平台应用提供的服务；统一配置调用页面流及封装 UI 权限（页面权限和页面组件权限），页面流引擎支持页面跳转、页面间数据流转、调用服务层上的服务或者直接访问构件层的构件接口。

（3）流程层：提供一套完整的面向服务的流程管理架构，其流程引擎（WPS）完全支持 SCA 服务构件的调用，支持编制组件和服务到业务流程中，驱动工作协作，协调人工任务与自动任务间的执行。流程中结点连接方式或顺序可柔性表达业务执行逻辑。流程层次提供顺序、分支、并发、循环、嵌套子流程、多路选择、多路归并等基本流程模式，还提供条件路由、自由流、回退、激活策略、完成策略、并行会签、串行会签、指派、多实例子流程、流程监控等多种特殊流程模式。

（4）服务层：采用 SCA1.0 标准将构件层中的构件装配成服务，并向其他构件、服务或其他系统公开，服务层实现方式有 Web Service、Java Interface、EJB、JMS 等方式。在 HearkenTM 核格面向服务支持"搭积木式软件开发"方式，即开发人员可从平台基础组件库中，按功能按层次逐级选择细粒度服务或组件，来装配要开发的服务功能，并可以将成熟的自己开发的组件导入组件库中重用。

（5）组件层：也称为构件层，该层众多构件用于实现特定领域相关的业务逻辑，提供 Java 构件、逻辑构件和工作流实现机制，提供逻辑功能的封装及配置，可将原子功能封装成方法。大粒度组件由小粒度组件装配而成，组件间能够实现运算逻辑调用、业务操作调用，这些组件也可被服务层调用。

（6）资源层：本层实现 HearkenTM 核格平台的数据来源，包括数据库系统、文件系统、网络服务、第三方信息系统及硬件实时数据等。针对异构的数据源，提供了统一数据接口，实现数据抽取、转换和加载，保证程序与数据源的松耦合，系统体系架构如图 16-1 所示。

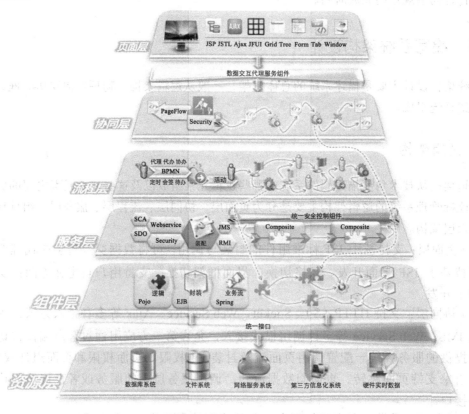

图 16-1 系统体系架构

2. 物理架构

物理架构描述组成软件系统的物理元素、这些物理元素之间的关系以及它们部署到硬件上的策略。

招议标系统的物理架构如图16-2所示，招议标系统的项目公司将使用三台应用部署服务器连接中心交换机。外部连接则使用公众网络通过搜索引擎 ISP 连接该公司的路由器，并通过安全防火墙连接中心交换机，达到使用招议标系统的目的。

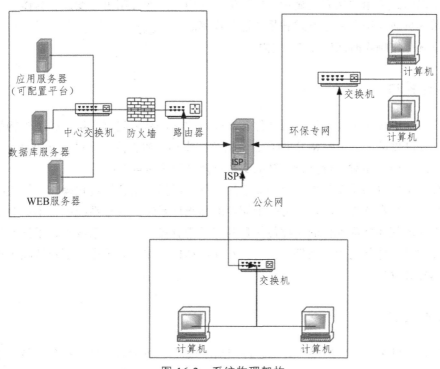

图 16-2　系统物理架构

五、编写系统接口设计

系统接口归为五类：系统接口、用户接口、硬件接口、软件接口、通信接口，其中，每一类接口根据传输信息的类别可以将之分为传输不同信息的子接口，而子接口中根据同一类传输信息的不同传输格式也可以将之进行再次细分。均为可选，根据具体情况进行设计。

1. 系统接口

可选，系统接口（可选）主要识别完成系统需求的软件功能以及与系统匹配的接口描述。招议标系统是一个独立软件产品，与其他软件系统没有联系，因此，不存在系统接口。

2. 用户接口

用户接口（可选）说明将向用户提供的命令、它们的语法结构以及软件的回答信息。

招议标系统的用户接口如下：

（1）系统采用简体中文显示或输入信息。

（2）用户图形界面要求风格统一、简洁明了。对显示界面使用的文字、字体可以使用统一的风格管理，要采用 B/S 结构，客户端采用浏览器，显示分辨率为 1 024×768。

（3）错误信息采用中文方式显示，提示语言使用客户业务用语，友好、易懂。

（4）系统页面采用自适应方式满足屏幕分辨率。

（5）系统操作响应时间应在 2 s 之内。

3. 硬件接口

硬件接口（可选）主要描述系统硬件各部件与软件产品之间每个接口的逻辑特征，包括配置特征（端口数量、指令集等），同样也覆盖这些事项，如支持什么设备、如何支持以及采用什么协议。例如，相对逐行支持，终端支持可能规定为全屏支持等。

招议标系统的目的是要建设一个功能全面、反应灵活、招议标过程操作一体化的系统。在设计过程中，将本软件产品定位为一个简单的纯软件系统。在本系统中，不需要得到除用户计算机以外的其他外部硬件的支撑便能顺利完成所有操作；在本系统中，不涉及与除用户计算机以外的其他外部应用、硬件产生的交互操作动作；在本系统中，不牵涉除用户计算机以外的其他外部设备。

4. 软件接口

软件接口（可选）主要描述对其他软件产品[例如，数据管理系统、操作系统、或特殊的软件包（数学、气象、环保、医学、制造等）]的使用，以及与其他应用系统（例如，账户接收系统和一般的会计记账系统的链接）的接口。对于每个要求的软件产品，宜提供：名称、助记符、规格说明编号、版本号和来源等。对每个接口，宜提供：相对此软件产品，接口软件的目的的论述以及按照消息内容和格式对接口的定义，不必要详细描述任何文件化的接口，但要求引用定义此接口的文件。

招议标系统目的是要建设一个功能全面、反应灵活、招议标过程操作一体化的招议标系统。为全面贯彻招议标过程操作一体化目标，在设计过程中将此招议标系统设计成一个独立于其他软件产品的，单独完成所有功能的软件产品。在本系统中，不涉及与其他软件产品的交互，不牵涉外部软件产品，不需要另外的软件产品支持。

5. 通信接口

通信接口（可选）主要描述定义不同的通信接口。

招议标系统的通信接口如下：

（1）同步请求/应答方式：浏览器端向服务器端发送服务请求，浏览器端阻塞等待服务器端返回处理结果。

（2）异步请求/应答方式：浏览器端向服务器端发送服务请求，与同步方式不同的是，在此方式下，服务器端处理请求时，浏览器端继续运行；当服务器端处理结束时返回处理结果。

（3）会话方式：浏览器端与服务器端建立连接后，可以多次发送或接收数据，同时存储信息的上下文关系。

（4）文件传输：浏览器端和服务器端通过文件的方式来传输消息，并采取相应处理。

（5）可靠消息传输：在接口通信中，基于消息的传输处理方式，除了可采用以上几种通信方式外，还可采用可靠消息传输方式，即通过存储队列方式，浏览器端和服务器端来传输消息，采取相应处理。

六、编写系统环境需求

系统环境包括平台环境、网络环境、软件环境、开发环境和测试环境，一般视具体情况而设计，均可选。

1. 平台环境

平台环境（可选）描述本项目的平台硬件环境。

招议标管理系统的平台硬件环境为：

系统中心服务器有 2 台服务器作为管理系统。具体配置为：4 颗六核 Intel Xeon E7-4807 CPU（主频 1.86 GHz，18 MB 缓存），16×4 GB 内存，8×300 GB 15K SAS 硬盘。其他硬件设备规格见表 16-2。

表 16-2　硬件规格

序号	设备名称	参数	数量	单位	备注
一、数据中心设备					
1	服务器	标配内存：8GB；服务器内存类型：DDR3；服务器硬盘类型：SATA；服务器硬盘容量：1 TB ×2；服务器类型：机架双路；CPU：E5-2609V2 ×1； RAID：RAID1； 网络：1000M×2； 电源：单电源； 其他：Linux 系统	3	台	
2	千兆网络交换机	12 口			
3	防火墙				

2. 网络环境

网络环境（可选）描述本项目的网络环境，特别是有特殊需求的网络，最好配以网络拓扑图。

招议标系统的网络环境如下：

每个用户的所有业务应用系统内部使用千兆宽带网连接或 4G 网络。总体的网络拓扑部署结构如图 16-3 所示。

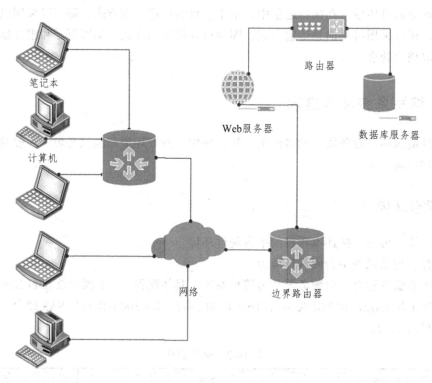

图 16-3　网络环境结构

3. 软件环境

软件环境（可选）描述本项目的软件环境。

招议标系统的软件运行环境如下：

（1）系统运行环境：Java J2EE 运行环境，包括 JDK1.8、JRE1.8、Jboss4.2。

（2）数据库：Oracle 10g 企业版。

（3）服务程序：安装 FTP 服务软件、HTTP 服务。

4. 开发环境

开发环境（可选）描述本项目的开发环境。

招议标系统的开发环境为：

（1）系统开发环境：Java J2EE 运行环境，包括 JDK1.8、JRE1.8、Jboss4.2。

（2）数据库：Oracle 11g 企业版。

（3）服务程序：安装 FTP 服务软件、HTTP 服务。

（4）程序设计工具：淞幸 Hearken（核格）开发平台 4.2 版本。

（5）程序设计语言：

① Java/JSP 程序设计语言。

② HTML、CSS、JavaScript 网页设计语言。

5. 测试环境

测试环境（可选），描述本项目的测试环境。

招议标管理系统的测试环境为：

（1）服务器端：

① 操作系统：Windows7 及以上版本。

② 数据库：Oracle 11g 企业版。

（2）客户端：

① 操作系统：Windows7 及以上版本。

② 服务程序：安装 FTP 服务软件、HTTP 服务。

【实验结果】

完成设计工程中的用户角色表、约束、假设与依赖、系统架构图、系统接口、系统环境需求等相关内容的编写。

实验十七　功能模块设计

【实验学时】

4 学时。

【实验目的】

（1）掌握从依赖关系的角度确定系统如何分模块、分层次实现，每个模块的划分、服务设计、模块接口、公用模块说明等。

（2）掌握将功能模块设计结果转化成设计工程的方法。

（3）熟悉设计平台在功能模块设计阶段的使用方法。

【实验内容】

本实验根据系统分析阶段划分好的系统功能模块清单及系统用例，围绕设计转移跟踪矩阵中的元素关联和推导方法，采用设计平台完成进行模块功能的系统设计，实现将方法论运用于系统设计的实际操作中，使得设计工程师能深入理解方法论及熟练使用设计平台。

【实验准备】

本实验需事先准备好模块功能列表，基于准备好的功能模块列表，将每个模块分解成子模块，然后针对各个子模块进行模块功能流程编排、服务装配设计及界面原型设计。本实验用到的工具是设计平台。

【实验步骤】

（1）列出模块功能列表。

（2）子模块功能设计。

（3）界面原型设计。

【参考案例】

一、列出模块功能列表

按照系统规模由大到小，可以将系统分为模块、子模块、功能及服务，根据具体情况还可将子模块划分出子模块，将功能划分出子功能，也可合并。在需求工程中的模块总览图基础上通过文字或表格将细化的功能进行描述。在模块比较易于理解的情况下也可以将说明部分删除。

招议标系统包括招议标管理、招议标项目合同管理、基础信息管理和系统管理四个模块，其中招议标管理模块包括招议标项目申报、招议标项目申报审核、提交招标文件、招标文件审核、提交投标文件、评议标小组管理、评标、定标及中标通知书管理共 9 个子模块，每个功能具有对应的系统模块进行对应。将每个具体的子模块划分为不同的功能，将功能映射到具体的服务，招议标管理模块功能列表如表 17-1 所示。

表 17-1　招议标管理模块功能列表

模块名称	一级模块名称	二级模块名称	功能名称	服务名称	备注
招议标管理	招议标项目申报	提交招标申报表	招标申报表新增	招标申报表新增服务	
			招标申报表删除	招标申报表删除服务	
			招标申报表修改	招标申报表修改服务	
			招标申报表提交	招标申报表提交服务	
		审批招标申报表（责任单位）	查看招标申报表	查看招标申报表服务	
			批准招标申报表	批准招标申报表服务	
			退回招标申报表	退回招标申报表服务	
			下载招标申报表附件	下载招标申报表附件服务	
	招议标项目申报审核	招标办招标申报表审批	查看招标申报表	查看招标申报表服务	
			批准招标申报表	批准招标申报表服务	
			退回招标申报表	退回招标申报表服务	
			下载招标申报表附件	下载招标申报表附件服务	
		审批招标申报表（招标办领导小组）	查看招标申报表	查看招标申报表服务	
			批准招标申报表	批准招标申报表服务	
			退回招标申报表	退回招标申报表服务	
			下载招标申报表附件	下载招标申报表附件服务	
	提交招标文件	提交招标文件	招标文件新增	招标文件新增服务	
			招标文件删除	招标文件删除服务	
			招标文件修改	招标文件修改服务	
			招标文件提交	招标文件提交服务	
	招标文件审核	招标文件审核	查看招标文件	查看招标文件服务	
			批准招标文件	批准招标文件服务	
			退回招标文件	退回招标文件服务	
			下载招标文件附件	下载招标文件附件服务	

续表

模块名称	一级模块名称	二级模块名称	功能名称	服务名称	备注
招议标管理	提交投标文件	提交投标文件	投标文件新增	投标文件新增服务	
			投标文件删除	投标文件删除服务	
			投标文件修改	投标文件修改服务	
			投标文件提交	投标文件提交服务	
	评议标小组管理	组建评议标小组	新增评议标小组	评议标小组新增服务	
			修改评议标小组	评议标小组修改服务	
			删除评议标小组	评议标小组删除服务	
			提交评议标小组	评议标小组提交服务	
		评审评议标小组	查看评议标小组	查看评议标小组服务	
			批准评议标小组	批准评议标小组服务	
			退回评议标小组	退回评议标小组服务	
	评标	录入评议标结果	新增评议标结果	新增评议标结果服务	
			修改评议标结果	修改评议标结果服务	
			删除评议标结果	删除评议标结果服务	
	定标	提交定标审批表	新增定标审批表	新增定标审批表服务	
			修改定标审批表	修改定标审批表服务	
			删除定标审批表	删除定标审批表服务	
			提交定标审批表	提交定标审批表服务	
		审核定标审批表	查看定标审批表	查看定标审批表服务	
			批准定标审批表	批准定标审批表服务	
			退回定标审批表	退回定标审批表服务	
			下载定标审批表附件	下载定标审批表附件服务	
	中标通知书管理	录入中标通知书	新增中标通知书	新增中标通知书服务	
			修改中标通知书	修改中标通知书服务	
			删除中标通知书	删除中标通知书服务	

- 92 -

二、子模块功能设计

招议标项目申报子模块划分的两个二级模块为：提交招标申报表和审批招标申报表（责任单位）。

（1）提交招标申报表模块功能设计，见表 17-2。

表 17-2　提交招标申报表模块功能设计

输入参数		输出参数	
项目名称		是否操作成功	
申报单位		项目编号	
申请日期		20××年××月××日	
项目内容		完成 D 公司招议标管理系统	
建议完成时间		20××年××月××日	
建议招标方式		☑公开招标　□邀请投标 □竞争性磋商　□单一来源采购	
建议邀请供方名单			
联系电话			
经办人			
模块功能			
1. 新增招标申报表			
2. 修改招标申报表			
3. 删除招标申报表			
4. 提交审核招标申报表			

模块功能流程编排与服务装配设计：

① 新增招标申报表。

业务流程抽象——基于接口的流程编排：新增招标申报表业务执行流程图如图 17-1 所示。

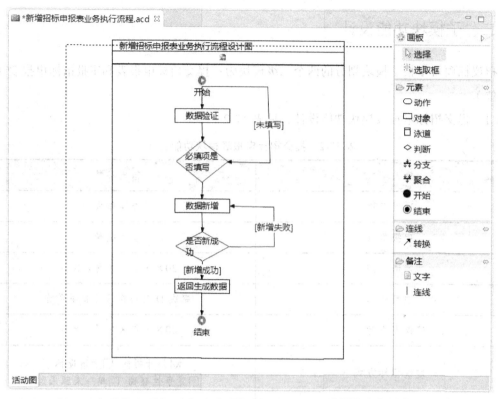

图 17-1　新增招标申报表业务执行流程图

新增招标申报表服务装配图如图 17-2 所示。

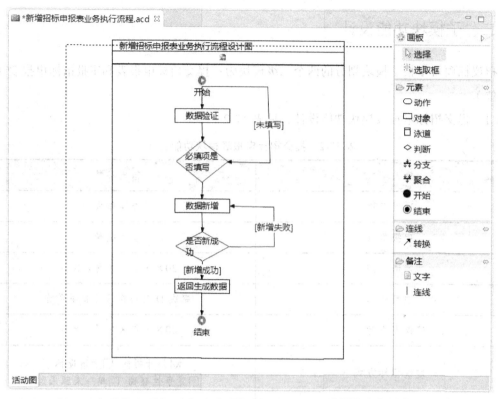

图 17-2　新增招标申报表服务装配图

② 修改招标申报表。

业务流程抽象——基于接口的流程编排:修改招标申报表业务执行流程图如图17-3所示。

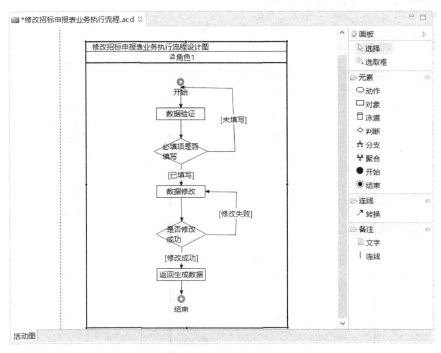

图 17-3　修改招标申报表业务执行流程图

修改招标申报表服务装配图如图 17-4 所示。

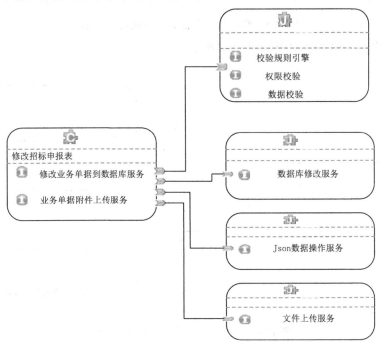

图 17-4　修改招标申报表服务装配图

③ 删除招标申报表。

业务流程抽象——基于接口的流程编排：

删除招标申报表业务执行流程图如图 17-5 所示。

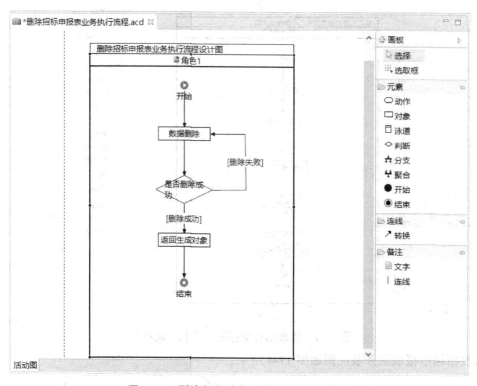

图 17-5　删除招标申报表业务执行流程图

删除招标申报表服务装配图如图 17-6 所示。

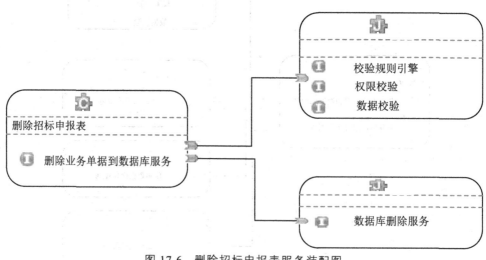

图 17-6　删除招标申报表服务装配图

④ 提交审核招标申报表。

业务流程抽象——基于接口的流程编排：提交审核招标申报表业务执行流程图如图17-7所示。

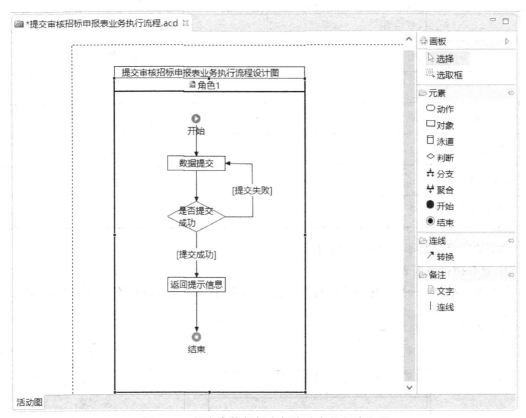

图 17-7　提交审核招标申报表业务执行流程图

提交审核招标申报表服务装配图如图 17-8 所示。

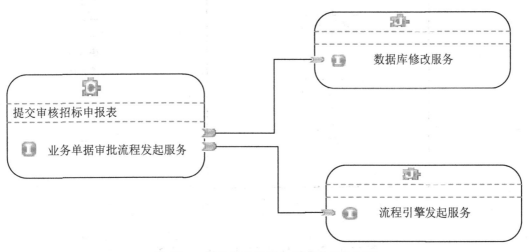

图 17-8　提交审核招标申报表服务装配图

（2）审批招议标申报表（责任单位）模块功能设计，见表17-3。

表17-3　审批招议标申报表（责任单位）模块功能设计

输入参数		输出参数
项目名称		是否审批成功（审核状态）
项目编号		单位主管签字
模块功能		
1. 查看招标申报表		
2. 批准招标申报表		
3. 退回招标申报表		
4. 下载招标申报表附件		

模块功能流程编排与服务装配设计：

① 查看招标申报表。

业务流程抽象——基于接口的流程编排：查看招标申报表业务执行流程图如图17-9所示。

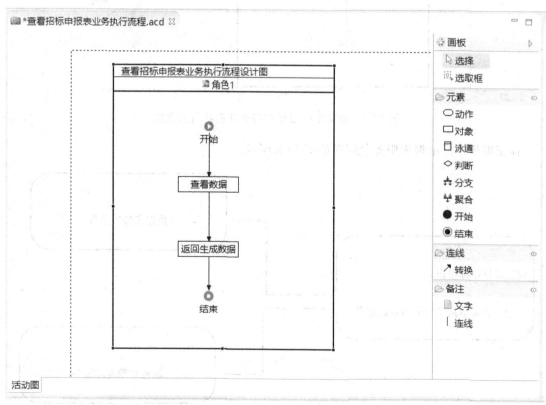

图17-9　查看招标申报表业务执行流程图

查看招标申报表服务装配图如图 17-10 所示。

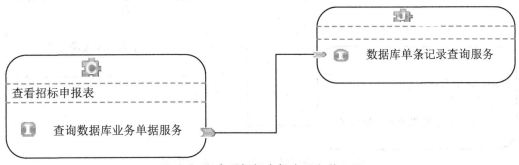

图 17-10　查看招标申报表服务装配图

② 批准招标申报表。

业务流程抽象——基于接口的流程编排：批准招标申报表业务执行流程图如图 17-11 所示。

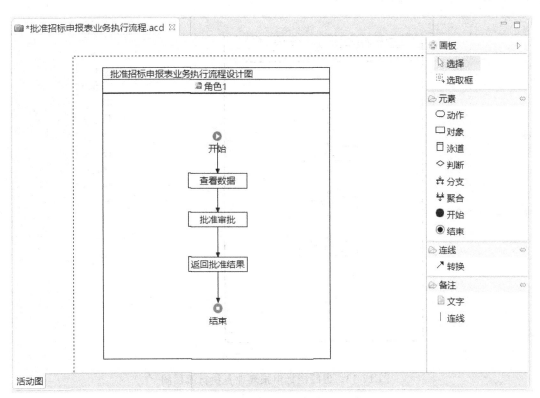

图 17-11　批准招标申报表业务执行流程图

批准招标申报表服务装配图如图 17-12 所示。

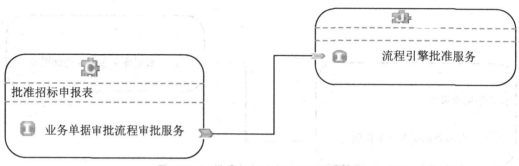

图 17-12　批准招标申报表服务装配图

③ 退回招标申报表。

业务流程抽象——基于接口的流程编排：退回招标申报表业务执行流程图如图 17-13 所示。

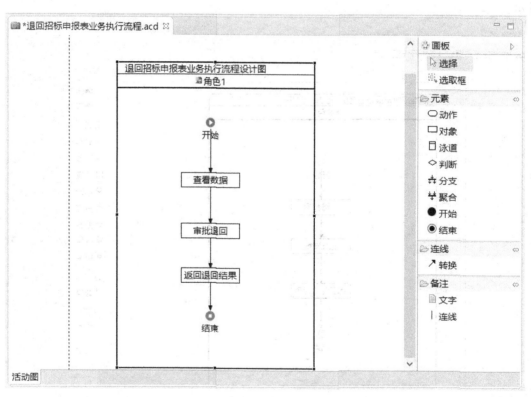

图 17-13　退回招标申报表业务执行流程图

退回招标申报表服务装配图如图 17-14 所示。

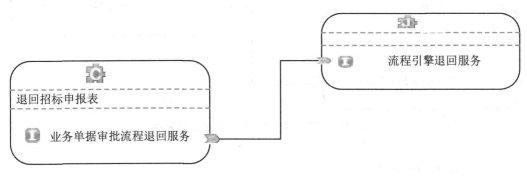

图 17-14 退回招标申报表服务装配图

④ 下载招标申报表附件。

业务流程抽象——基于接口的流程编排：下载招标申报表附件业务执行流程图如图 17-15
所示。

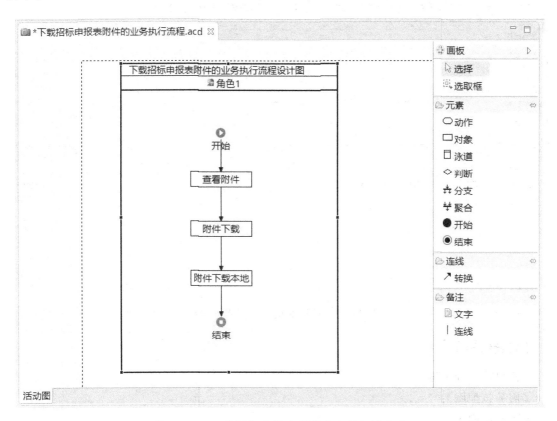

图 17-15 下载招标申报表附件业务执行流程图

下载招标申报表附件服务装配图如图 17-16 所示。

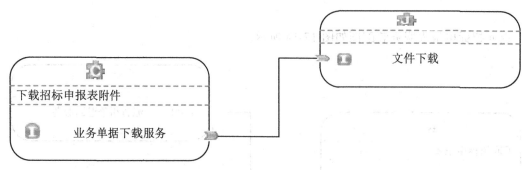

图 17-16　下载招标申报表附件服务装配图

三、界面原型设计

图 17-17 所示为招议标项目申报的原型界面，其中包括新增、修改、删除、提交、附件下载和查看审批详情等功能。

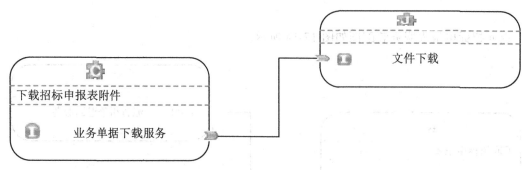

图 17-17　招议标项目申报界面原型

【实验结果】

《模块功能列表》；

《服务装配图》；

《界面原型》。

实验十八　数据库设计

【实验学时】

2 学时。

【实验目的】

（1）掌握数据库设计方法。

（2）掌握将数据库设计结果转化成设计工程的方法。

（3）熟悉设计平台在数据库设计阶段的使用方法。

【实验内容】

本实验根据数据库设计的基本理念，围绕设计转移跟踪矩阵中的元素关联和推导方法，采用设计平台进行招议标系统的 RDBMS（关系数据库管理系统）概念设计、RDBMS 逻辑设计、RDBMS 物理设计、安全性设计等，实现将方法论运用于数据库设计的实际操作中，使得设计工程师能深入理解方法论及熟练使用设计平台。

【实验准备】

本实验需事先准备好系统设计完成后的相关功能模块的输入与输出参数以及相关的数据库设计文件，基于招议标系统的数据库命名规则，对相关的数据库进行设计。本实验用到的工具是设计平台。以下列出招议标系统的数据库命名规则。

（1）在本系统中，数据库的设计采用 CASE Studio 进行，并且采用面向对象的设计方法，首先进行对象实体的设计，最后将对象持久化到数据库中，所有的表和表之间的关联（ER 图）都采用标准的 CASE Studio 设计工具进行，这样能够将整个系统的设计和数据库设计有机地结合起来。

（2）系统中的表类型分为业务表、码表两类。

（3）表名以英文单词、单词缩写、简写、下划线构成，总长度要求小于 30 位。

（4）表以名词或名词短语命名，表名采用单数形式，单词间使用下划线作为分隔。

（5）所有的业务表前面加上前缀 tbms_。系统表前面加上前缀 ts_。若后续添加其他模块，应以模块名缩写作为前缀。

（6）数据库的表名应该都是有意义的，并且便于理解，如果用英语单词表示，最好使用完整的英语单词。

（7）创建表完成前，应该为表添加注释，注释应该对表有一个明确的描述。

（8）公共字段中的创建时间和更新时间，字段类型均为 TimeStamp，但不随新增和更新而更新，应由程序控制。

（9）表内的每一个值都只能被表达一次。

（10）所有的表都不存在外键约束，所有的主键都不是业务字段。

（11）字段名以英文单词、单词缩写、简写、下划线构成，总长度要求小于 30 位。

（12）字段名以名词或名词短语命名，字段名采用单数形式，单词缩写间使用下划线作为分隔。

（13）若某个字段是引用某个表的外键，则字段名应尽量与源表的字段名保持一致，以免混淆。

（14）业务表关联码表时，其关联字段为码表的表名。

（15）字段的注释应该详细且明确。

（16）不在字段名中包含数据类型，如 datetime。

（17）字段名不使用数据库关键字，如 time、password 等。

（18）datetime、smalldatetime 类型的字段没有默认值，必须为 NULL。

（19）当字段定义为字符串形时使用 varchar。

【实验步骤】

（1）RDBMS 概念设计。

（2）RDBMS 逻辑设计。

（3）RDBMS 物理设计。

（4）安全性设计。

【参考案例】

一、RDBMS 概念设计

在功能模块设计时，根据各个模块的输入参数和输出参数，使用 CASE Studio 以 IPO 流的形式设计系统的概念实体。招议标系统的数据库概念设计如图 18-1 所示。

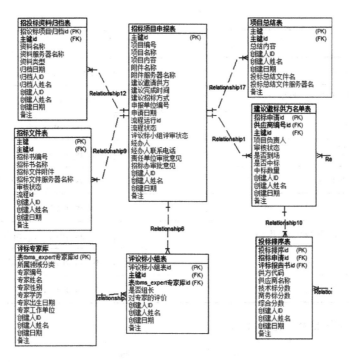

图 18-1　招议标管理系统数据库概念设计

二、RDBMS 逻辑设计

根据各个模块的输入与输出参数以及命名规则，设计了招议标管理系统的数据字典。

（1）招议标管理系统模块数据库表清单，见表 18-1。

表 18-1　数据库表清单

序号	表名称	英文表名称
1	招标项目申报表	tbms_project_apply
2	建议邀标供方名单表	tbms_advice_supplier
3	评标报告书表	tbms_bid_report
4	资质类型表	tbms_datum_code
5	供方库表	tbms_supply
6	评标专家库	tbms_expert
7	评议标小组表	tbms_bid_exprt
8	中标通知书表	tbms_bid_ confirm
9	招标文件表	tbms_bid_file
10	投标排序表	tbms_bid_order

序号	表名称	英文表名称
11	投标文件表	tbms_tender_file
12	招议标资料归档表	tbms_bid_data
13	合同表	tbms_contract
14	项目总结表	tbms_general
15	定标审批表	tbms_calibrate_apply
16	普通流程状态表	tbms_pm_state
17	招标项目申报流程状态表	tbms_project_apply_state
18	所属领域分类	tbms_domain_code
19	建议招标方式	tbms_bid_type

（2）招标项目申报表，见表18-2。

表18-2　招标项目申报表

序号	字段名	字段代码	字段类型	长度	允许为空	主键	外键
1	主键 id	project_apply_id	varchar	32	N	Primarykey	
2	项目编号	project_num	varchar	64	Y		
3	项目名称	project_name	varchar	512	Y		
4	项目内容	project_content	varchar	4096	Y		
5	附件名称	project_file_name	varchar	512	Y		
6	附件服务器名称	project_file_serve_name	varchar	512	Y		
7	建议邀请供方	advise_supply	varchar	512	Y		
8	建议完成时间	advise_finish_data	Date	0	Y		
9	建议招标方式（1.邀标；2.公开招标）	advise_bid_type	varchar	2	Y		
10	申报单位编号	apply_department_id	varchar	32	Y		ts_department
11	申请日期	apply_data	Date	0	Y		
12	流程运行 id	runid	varchar	32	Y		
13	流程状态（0.退回；1. 填写未提交；2. 提交未审核；3. 通过）	apply_state	varchar	16	Y		

序号	字段名	字段代码	字段类型	长度	允许为空	主键	外键
14	评议标小组评审状态（0. 退回；1. 填写未提交；2. 提交未审核；3. 通过）	bid_exprt_state	varchar	16	Y		
15	经办人（from ts_user）	apply_userid	varchar	32	Y		
16	经办人联系电话	apply_user_phone	varchar	16	Y		
17	责任单位审批意见	accountability_unit_approval_opinion	varchar	2048	Y		
18	招标办审批意见	bidding_office_approval_opinion	varchar	2048	Y		
19	招标办领导小组审批意见	bidding_office_lead_approval_opinion	varchar	2048	Y		
20	创建人 ID	create_user_id	varchar	32	Y		
21	创建人姓名	create_user_name	varchar	108	Y		
22	创建日期	create_datetime	datetime	0	Y		
23	备注	memo	varchar	255	Y		

其他表的数据库字典请根据数据库表清单结合命名规则自行设计。

三、RDBMS 物理设计

1. 部署说明

招议标系统服务器在主、同、异地三中心各有两台，一台作为承担日常业务用的主机，另一台作为主机的备份机使用。所以，RDBMS 需要部署在主、同、异地三中心的六台服务器上。主中心招议标系统的 RDBMS 承担基础服务工作，同时数据向备份机与同城、异地备份中心 RDBMS 同步。

2. 故障处理

数据库系统中常见的四种故障主要有事务内部故障、系统故障、介质故障及计算机病毒故障，对应于每种故障都有不同的解决方法。事务故障表明事务没有提交或撤销就结束了，因此数据库可能处于不准确的状态。

（1）预期的事务内部故障：将事务回滚，撤销对数据库的修改。

（2）非预期的事务内部故障：强制回滚事务，在保证该事务对其他事务没有影响的条件下，利用日志文件撤销其对数据库的修改。

（3）系统故障：待计算机重新启动之后，对于未完成的事务可能写入数据库的内容，回滚所有未完成的事务写的结果；对于已完成的事务可能部分或全部留在缓冲区的结果，需要重做所有已提交的事务（即撤销所有未提交的事务，重做所有已提交的事务）。

（4）介质故障的软件容错：使用数据库备份及事务日志文件，通过恢复技术，恢复数据库到备份结束时的状态。

（5）介质故障的硬件容错：采用双物理存储设备，使两个硬盘存储内容相同，当其中一个硬盘出现故障时，及时使用另一个备份硬盘。

（6）计算机病毒故障：使用防火墙软件防止病毒侵入，对于已感染病毒的数据库文件，使用杀毒软件进行查杀，如果杀毒软件杀毒失败，此时只能用数据库备份文件，以软件容错的方式恢复数据库文件。

3. 数据备份与恢复

数据库备份分为冷备份和热备份。

（1）数据库冷备份。

在数据库关闭状态下进行的备份也称为冷（脱机）备份。在数据库以 NORMAL、TRANSACTIONAL 或 IMMEDIATE 方式关闭后，可以对数据库进行完全备份，得到一致性备份（关闭了数据库后备份所有数据文件和控制文件等）。

数据库冷备份的步骤如下：

① 如果数据库处于打开状态，为了保持数据文件的一致性，必须将待备份的数据库完全关闭，以 NORMAL，IMMEDIATE 或 TRANSACTIONAL 方式关闭数据库。

② 如果数据库是以 FORCE 方式关闭或者是由于故障而意外关闭的，不要在关闭状态下对数据库进行完全备份、必须重新启动数据库并完全关闭后再备份数据。

③ 利用操作系统命令对所有的控制文件、数据文件、ArcSDE 的定义文件（giomgr.defs、dbinint.sde、services.sde）、归档重做日志、其他的 Oracle 配置文件进行备份。可以利用系统复制功能对以上文件备份到备份目录中。

④ 重新启动数据库。

（2）数据库热备份。

在数据库打开状态下进行的备份也称为热（联机）备份，在进行热备份的同时数据库仍然是可以访问的。数据库处在归档模式下可以进行热备份。备份内容：可以指定表空间的所有数据文件或表空间中某一个数据文件。如果同时满足如下两个条件，可以在数据库打开状态下对数据库进行备份：

① 数据库处于归档模式下。

② 联机重做日志文件可以被归档。

如果进行备份的表空间或数据文件处于联机状态，那么在备份期间这些表空间或数据文件仍然可以被用户使用；如果进行备份的表空间或数据文件处于脱机状态，那么在备份期间数据库的其他表空间仍然可以被用户使用。

备份当前数据库中某个表空间：

ALTER TABLESPACE ...BEGIN BACKUP

结束热备份：

ALTER　TABLESPACE... END BACKUP

数据的恢复：

① 非归档模式的恢复：

冷备份恢复数据库：关闭数据库，将备份的所有数据文件、控制文件、联机重做日志文件还原到原来所在的位置。

② 归档模式的恢复：

数据库级恢复：所有或者多数数据文件损坏的恢复。

表空间级恢复：表空间中对应的数据文件的恢复；

数据文件级恢复：对特定的数据文件进行恢复。

4. 表空间设计

（1）一般较大的表或索引单独分配一个 tablespace。

（2）Read only 对象或 Read mostly 对象分成一组，存在对应的 tablespace 中。

（3）若 tablespace 中的对象皆是 read only 对象，可将 tablespace 设置成 read only 模式，在备份时，read only tablespace 只需备份一次。

（4）高频率 insert 的对象分成一组，存在对应的 tablespace 中。

（5）增、删、改的对象分成一组，存在对应的 tablespace 中。

（6）表和索引分别存于不同的 tablespace。

（7）存于同一个 tablespace 中的表（或索引）的 extent 大小最好成倍数关系，有利于空间的重利用和减少碎片。

四、安全性设计

1. 物理设备的安全措施

在系统设备的选用上，必须对各产品的安全功能进行调查、选用。要求对系统设备提供容错功能，如冗余电源、冗余风扇、可热插拔驱动器等。

采用各种网络管理软件，系统监测软件或硬件，实时监控服务器、网络设备的性能以及故障，对发生的故障及时进行排除。

2. 操作系统平台的安全管理

在操作系统平台上，应进行如下设置：

（1）系统的超级用户口令应由专人负责，密码应该定期变换。

（2）建立数据库的专用用户，系统在与数据库打交道时，应使用专用用户的身份，避免使用超级用户身份。

（3）在系统的其他用户的权限设置中，应保证对数据库的数据文件不能有可写、可删除的权限。

（4）选用较高安全级别的操作系统，时刻了解操作系统及其他系统软件的动态，对有安全漏洞的，及时安装补丁程序。

3. 数据库系统的安全管理

数据库系统是整个系统的核心，是所有业务管理数据及清算数据等数据存放的中心。数据库的安全直接关系到整个系统的安全。在本系统中对此考虑如下：

（1）数据库管理员（SA）的密码应由专人负责，密码应该定期变换。

（2）客户端程序连接数据库的用户绝对不能使用数据库管理员的超级用户身份。客户端程序连接数据库的用户在数据库中必须对其进行严格的权限管理，控制对数据库中每个对象的读写权限。

（3）利用数据库的审计功能，以对用户的某些操作进行记录。充分使用视图及存储过程，保护基础数据表。对于不同的应用系统应建立不同的数据库用户，分配不同的权限。

【实验结果】

完成设计工程中 RDBMS 概念设计、RDBMS 逻辑设计、RDBMS 物理设计和安全性设计的内容。

第四篇　制造工程

实验十九　数据库开发实验

【实验学时】

2 学时。

【实验目的】

掌握根据物理实体创建业务表的方法。

【实验内容】

本实验根据数据库设计的结果，围绕制造转移跟踪矩阵中的元素关联和推导方法，采用制造平台进行项目中数据库的开发，实现将方法论运用于数据库开发的实际操作中，使得项目开发工程师能深入理解方法论及熟练使用制造平台。

【实验准备】

本实验需要事先导入一些基础数据表，基于开发平台的默认生成功能生成相关的业务数据表。然后，利用制造平台创建业务表单。本实验用到的工具是制造平台。

【实验步骤】

（1）安装 MySQL 数据库。

（2）安装数据库管理工具 Navicat。

（3）新建数据库。

（4）导入初始数据库。

（5）创建业务表。

【参考案例】

一、安装 MySQL 数据库

本项目采用的 MySQL 版本为 mysql-installer-community-5.6.31.0，MySQL 数据库的安装步骤见附录 C。

二、安装数据库管理工具 Navicat

本项目采用的 Navicat 版本为 9.0，具体安装步骤见附录 C。

三、新建数据库

使用 Hearken 核格制造平台开发项目前首先要新建数据库，招议标管理系统采用的是 MySQL 数据库，我们使用的数据库管理工具是 Navicat。具体操作步骤如下：

（1）打开 Navicat 软件，运行效果如图 19-1 所示，编辑界面如图 19-2 所示。

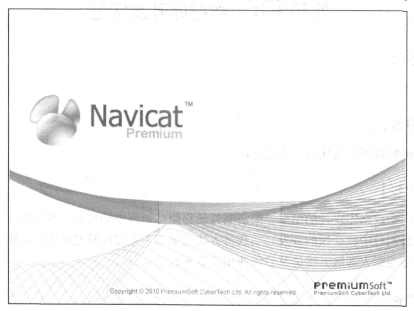

图 19-1　Navicat Premium 运行效果

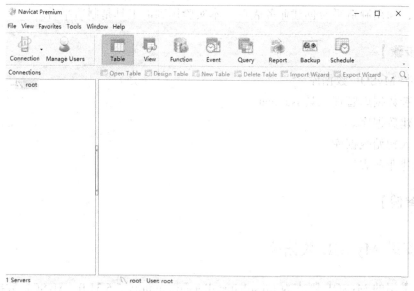

图 19-2　Navicat 编辑界面

（2）在 Navicat 左上角点击"连接"，选择连接类型为"MySQL"，如图 19-3 所示。

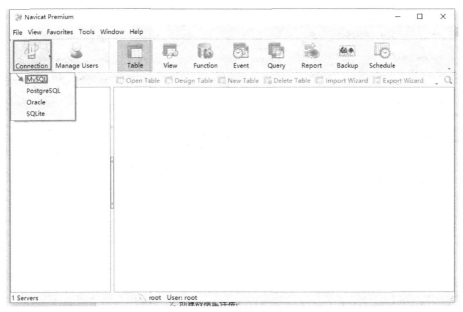

图 19-3　连接类型

（3）在系统弹出的配置框内填写连接名、IP、端口号、用户名、密码等信息，如图 19-4 所示，填写好后点击"连接测试"按钮，如图 19-5 所示，测试成功，如果则点击"OK"完成数据库连接的创建，如果连接失败，则检查填写的连接信息是否正确。数据库连接创建好后，双击新建的数据库连接可展开数据库连接，可看到里面存在的数据库，如图 19-6 所示。

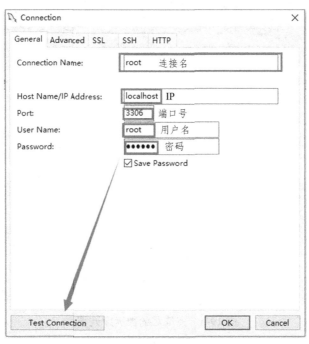

图 19-4　填写连接信息

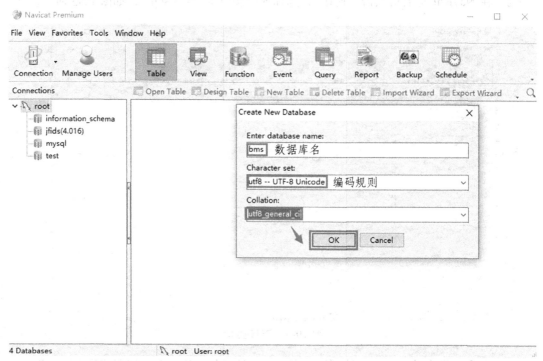

图 19-5　连接测试

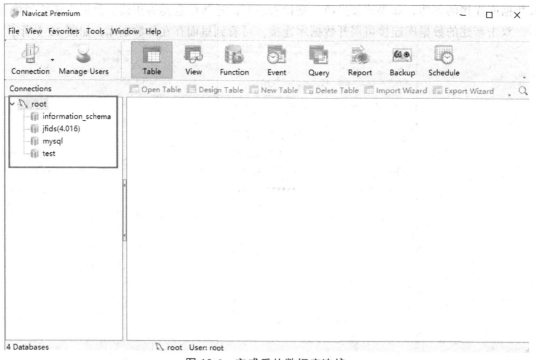

图 19-6　完成后的数据库连接

（4）创建项目的数据库，如图 19-7 所示，选中数据库连接→单击鼠标右键→新建数据库。

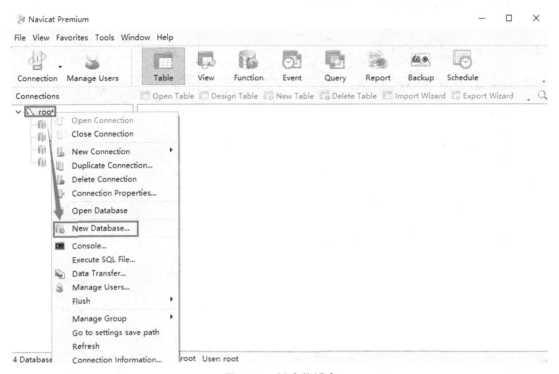

图 19-7　新建数据库

（5）如图 19-8 所示，在数据库创建配置框内填写数据库名、编码规则、排序规则。注意：由于基础数据文件编码规则使用的是 utf8，为了避免出现乱码，新建数据库时也使用 utf8。

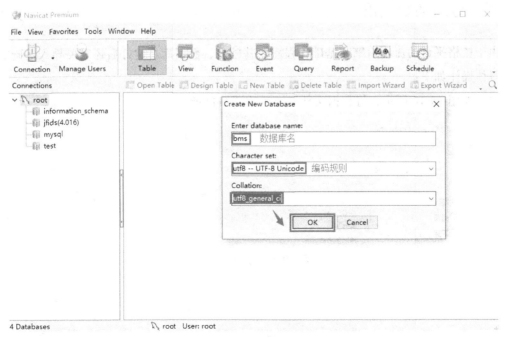

图 19-8　填写数据库信息

（6）新建完成的数据库如图 19-9 所示。

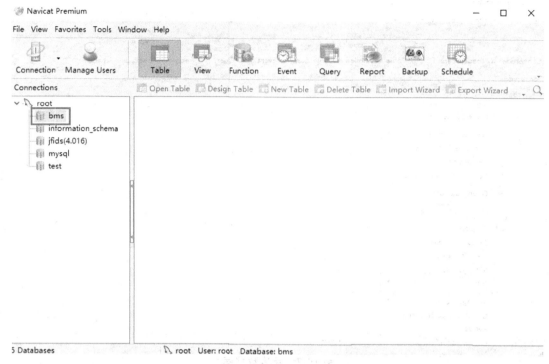

图 19-9　新建完成的数据库

四、导入初始数据

由于核格平台的流程引擎和基础工程需要基础表，数据库新建好后还需要导入基础数据库，具体操作如下：

（1）如图 19-10 所示，将数据文件解压后放到根目录。

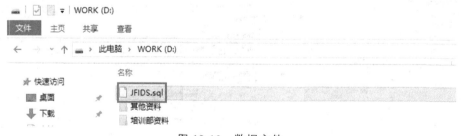

图 19-10　数据文件

（2）如图 19-11 所示，打开 MYSQL 自带控制台。

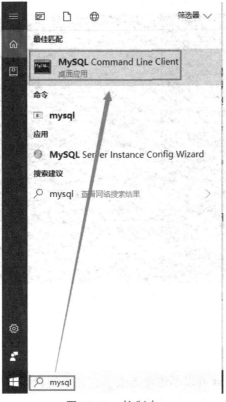

图 19-11 控制台

（3）如图 19-12 所示，输入密码→回车，输入密令"use bms" →回车，输入密令"source D:/JFIDS.aql;"→回车，等待导入完成关闭密令窗即可。

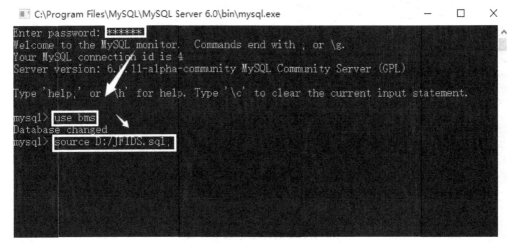

图 19-12 导入数据

（4）导入完成，如图 19-13 所示。

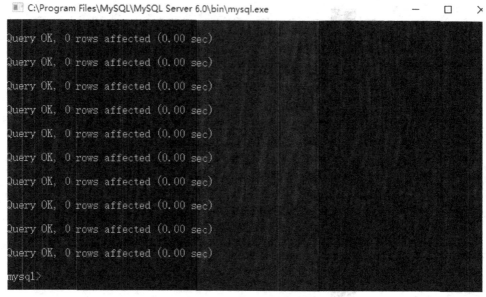

图 19-13　数据导入完成

五、创建业务表

基础数据库导入完成后就可以创建业务表，在"系统设计"中已将数据表设计好，可以通过设计平台自动创建数据库表，如图 19-14 所示。

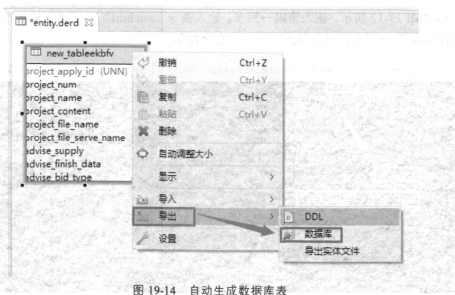

图 19-14　自动生成数据库表

也可以使用 Navicat 创建业务表，业务表的结构需按照系统设计里设计的业务表进行创建，具体操作如下：

（1）双击打开数据库连接→双击"tables"展开数据库→单机"New Table"新增数据库表，如图 19-15 所示。

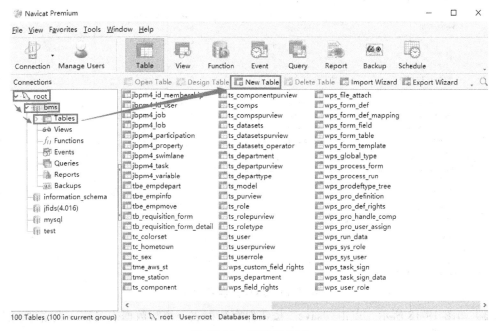

图 19-15　新建数据表

数据表新增编辑页面如图 19-16 所示。

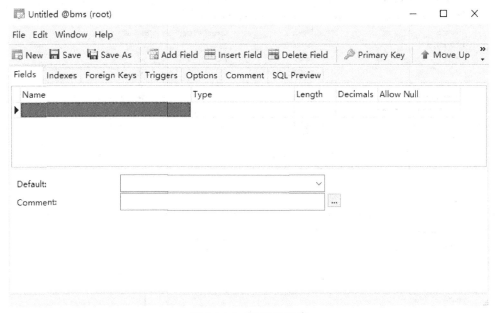

图 19-16　新增数据表

（2）这里以新建"供方库表"为例，按照"系统设计"里设计的字段添加数据库字段，如图 19-17 所示。

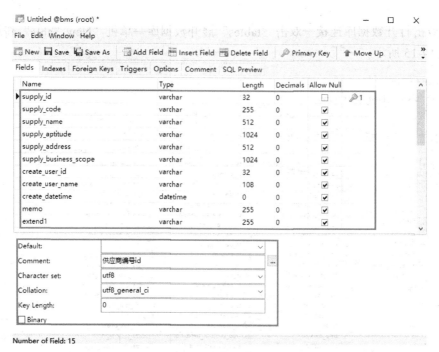

图 19-17　添加数据表字段

（3）如图 19-18 所示，点击"save"按钮保存数据表→填写数据表名称→点击"OK"。

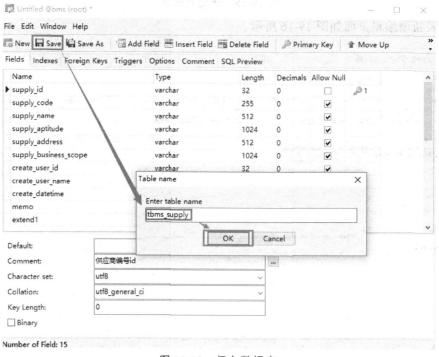

图 19-18　保存数据表

（4）关闭窗口，刷新数据表，即可看到新增的数据表，如图 19-19 所示。

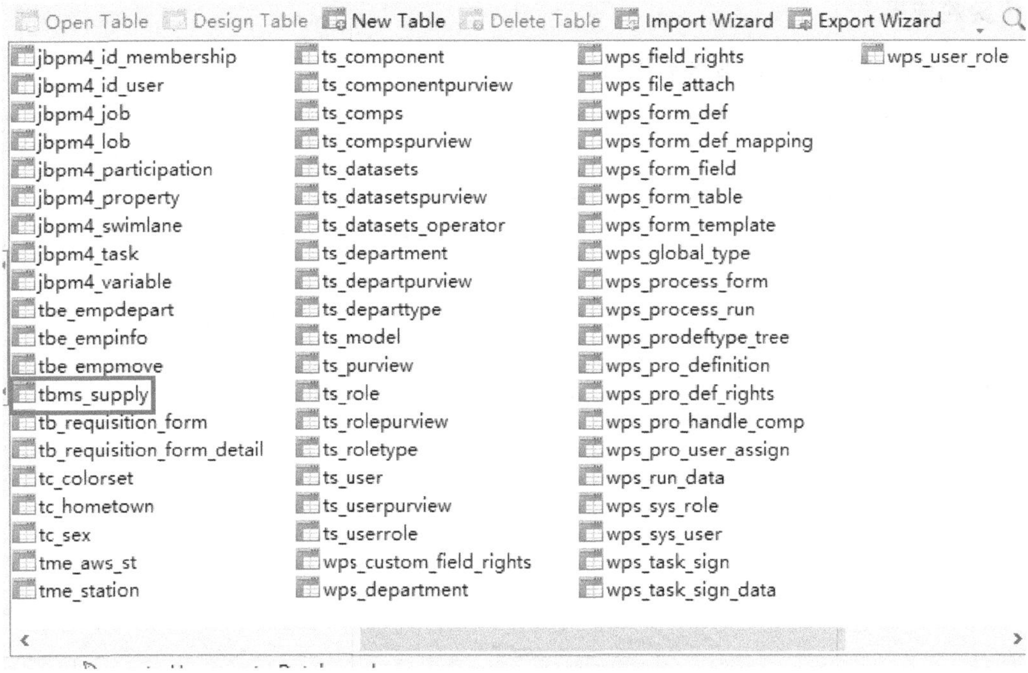

图 19-19 新建好的数据表

（5） 按照相同方式创建所有数据表，如图 19-20 所示。

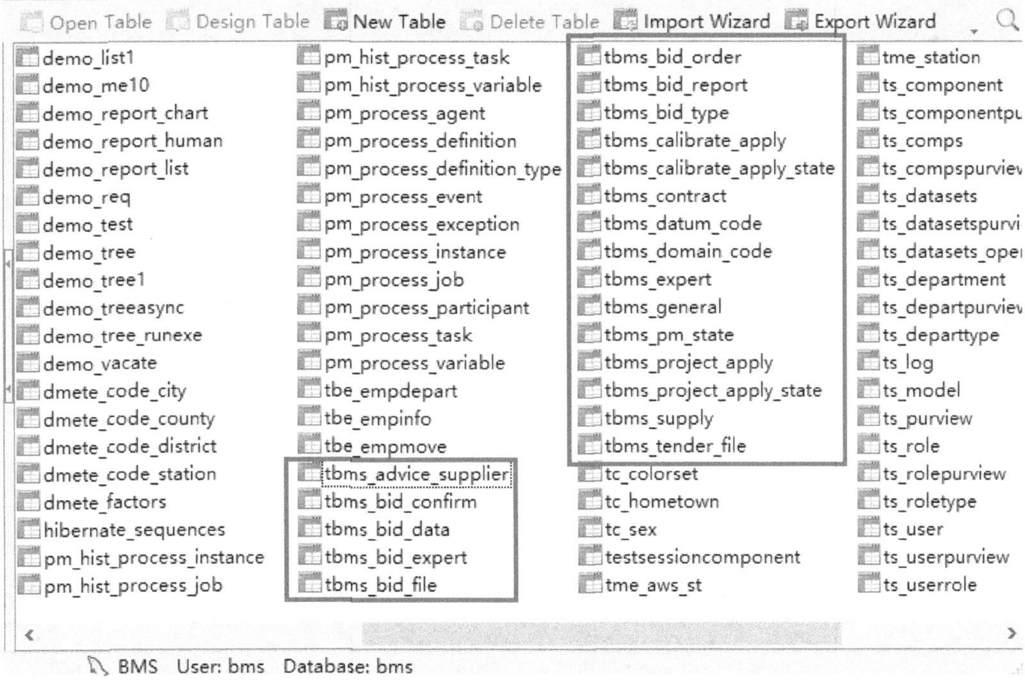

图 19-20 业务表

【实验结果】

完成制造工程中所需的业务表创建。

实验二十　平台开发环境搭建

【实验学时】

2 学时。

【实验目的】

（1）掌握如何安装 JDK、安装核格制造平台、创建服务器、创建数据连接、新建实体及创建项目测试运行等操作。

（2）掌握平台开发环境搭建的过程和方法。

（3）熟悉制造平台中开发环境的基本配置方法。

【实验内容】

本实验根据实际项目的开发需要，围绕核格集成开发环境的配置原理，采用制造平台进行实际的环境配置和参数流程设计，实现将方法论运用于平台开发环境搭建的实际操作中，使得项目开发工程师能深入理解方法论及熟练使用核格制造平台。

【实验准备】

本实验需要事先了解有关 JDK 的安装方法，基于 Java 运行环境安装 Hearken 集成开发平台，然后，在核格集成开发环境中新建服务器，同时创建数据库连接以及新建实体，最后在以上搭建的环境中创建测试项目并部署运行。本实验用到的工具是制造平台。

【实验步骤】

（1）JDK 安装。

（2）安装 Hearken 核格制造平台。

（3）新建服务器。

（4）创建数据库连接。

（5）新建实体。

（6）创建测试项目并部署运行。

【参考案例】

一、JDK 安装

本项目采用的 JDK 版本为 jdk1.8.0_131，具体安装步骤见附录 C。

二、安装 Hearken 核格制造平台

本项目采用的开发平台为 Hearken5.0，具体安装步骤见附录 C。

三、新建服务器

核格平台支持 Tomcat、Jboss、IBM 等第三方 ESB 服务器，核格平台使用的服务器都是经过改造的，必须使用平台提供的服务器，不能使用原生的服务器，这里以新建 Tomcat 服务器为例进行介绍，具体步骤如下：

（1）在服务器窗口空白处右击→选择"新建"→选择"服务器"，如图 20-1 所示。

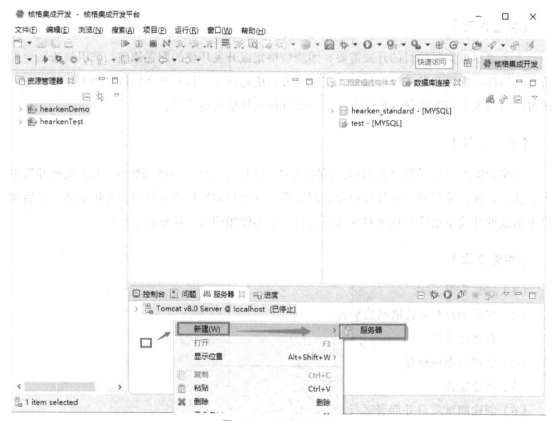

图 20-1　新建服务器

（2）选择服务器类型（这里以 Tomcat8 为例）→点击"添加"，如图 20-2 所示。

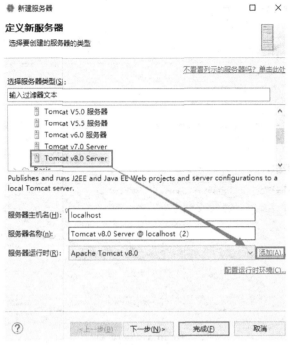

图 20-2　添加服务器

（3）点击"浏览"，选择服务器（平台配套资料中将给出服务器）→点击"完成"，如图 20-3 所示。路径选择完成后点击"完成"，如图 20-4 所示。

图 20-3　选择服务器路径

图 20-4 完成

（4）接下来进行服务器参数配置，如图 20-5 所示，双击新建的服务器→点击"打开启动配置"。

图 20-5 打开启动配置

（5）如图 20-6 所示，在"自变量"中的"VM 自变量"最前面添加参数"-agentlib:key"，完成后如图 20-7 所示修改参数。

图 20-6　配置自变量

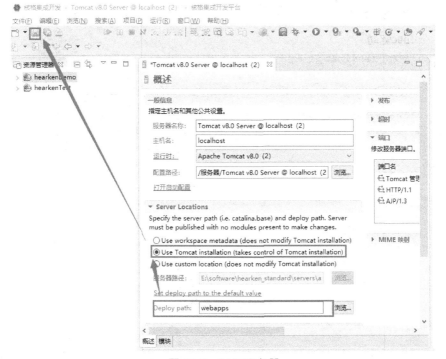

图 20-7　配置服务器

四、创建数据库连接

在平台内新建数据库连接，具体步骤如下：

（1）如图 20-8 所示，打开数据库连接窗口→点击"新建数据库连接"按钮。

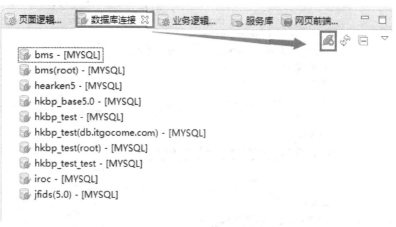

图 20-8　新建数据库连接

（2）如图 20-9 所示，选择数据库驱动，平台支持 MySQL、Oracle、SQL Server 等主流数据库，如需要连接的数据库非默认的 3 种数据库时，只需要点击"新增驱动"，添加对应的数据库驱动即可（这里以 MySQL 数据库为例）→然后点击"下一步"。

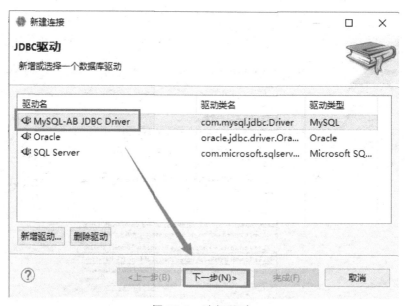

图 20-9　选择驱动

（3）如图 20-10 所示，填写数据库连接信息→点击"测试连接"→出现如图 20-11 所示的测试通过结果，即可点击"下一步"。

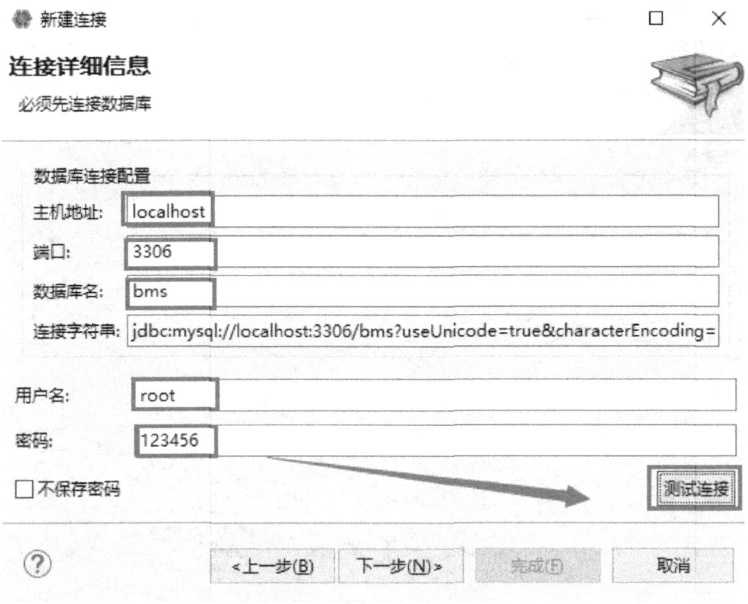

图 20-10　配置连接信息

图 20-11　测试连接

（4）如图 20-12 所示，填写连接名称（连接名称只是平台内连接显示名，可根据项目名或项目组统一规定命名）→点击"完成"。

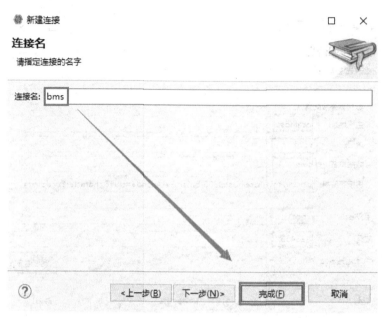

图 20-12　填写连接名

新建完成的数据库连接如图 20-13 所示。

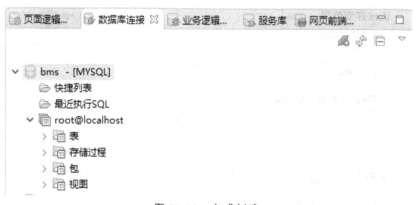

图 20-13　完成创建

五、实体开发

1. 新建核格工程

平台将工程分为两类：主工程和库工程。主工程能单独部署运行，库工程能导出构件包。

它们之间是一对多的关系，一个主工程可关联多个库工程，主工程可调用库工程内的构件，这些都是可以传到构件中心共享。我们这里要创建的就是主工程，如图 20-14 所示，点击平台左上角的"文件"→选择"新建"→选择"核格工程"。

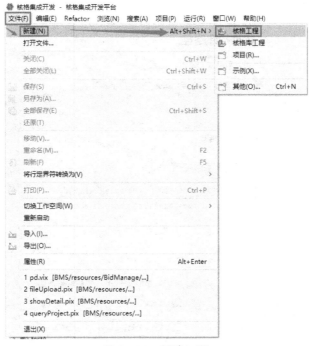

图 20-14　新建工程

工程名为"BMS"，数据库连接选择"bms"，如图 20-15 所示。

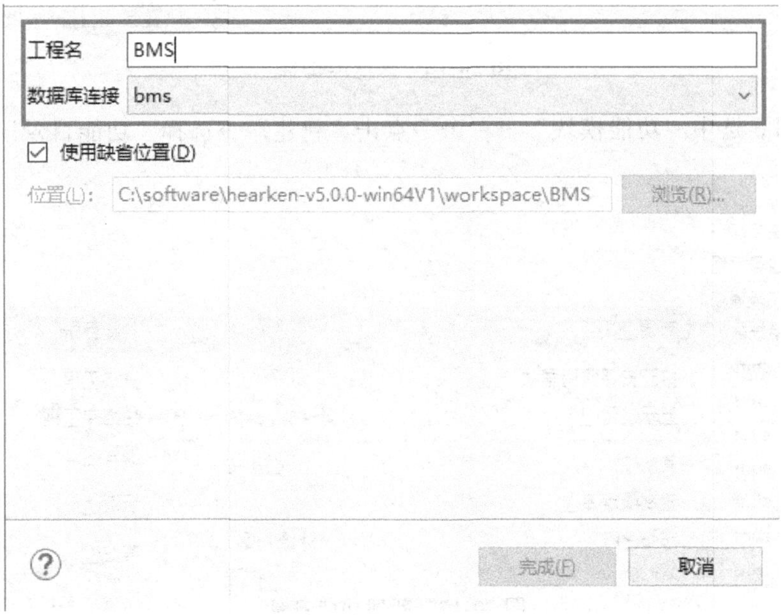

| 工程名 | BMS |
| 数据库连接 | bms |

☑ 使用缺省位置(D)

位置(L)：　C:\software\hearken-v5.0.0-win64V1\workspace\BMS　　浏览(R)...

完成(F)　　取消

图 20-15　工程名

2. 关联库工程

如图 20-16 所示，选中工程右击选择属性→在属性里展开核格项目→选择"核格构建路径"→点击"引用库工程"→点击"添加"→勾选库工程→点击"确定"→点击"确定"。

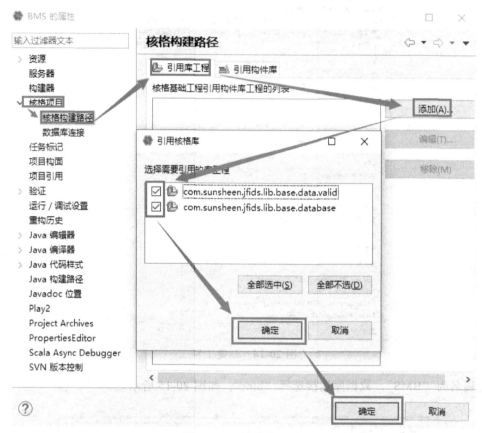

图 20-16　关联库工程

展开项目，选中"功能模块"→右击→点击"新建"→选择"功能目录"，如图 20-17 所示。

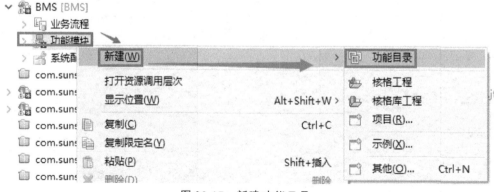

图 20-17　新建功能目录

接着依次填写功能目录名称，新增公用的"目录"，如图 20-18 所示。

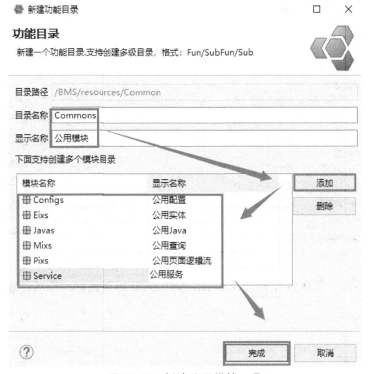

图 20-18　新建公用模块目录

3. 新建实体

如图 20-19 所示，展开"公用实体"→选中"实体"→右击→点击"新建"→选择"包"，将包名起为"com.hearken.bms.common.eixs"。

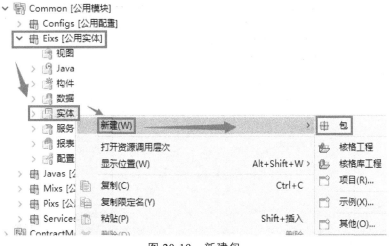

图 20-19　新建包

接着选中"包"→右击→点击"新建"→选择"实体",如图 20-20 所示。

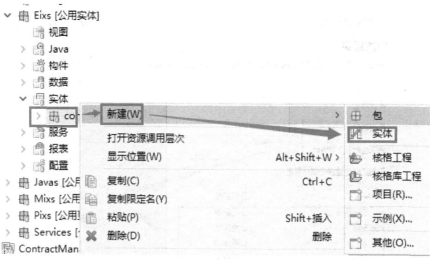

图 20-20　新建实体

如图 20-21 所示,依次展开 root 及 bms,按住 Shift 键用鼠标勾选项目业务表。

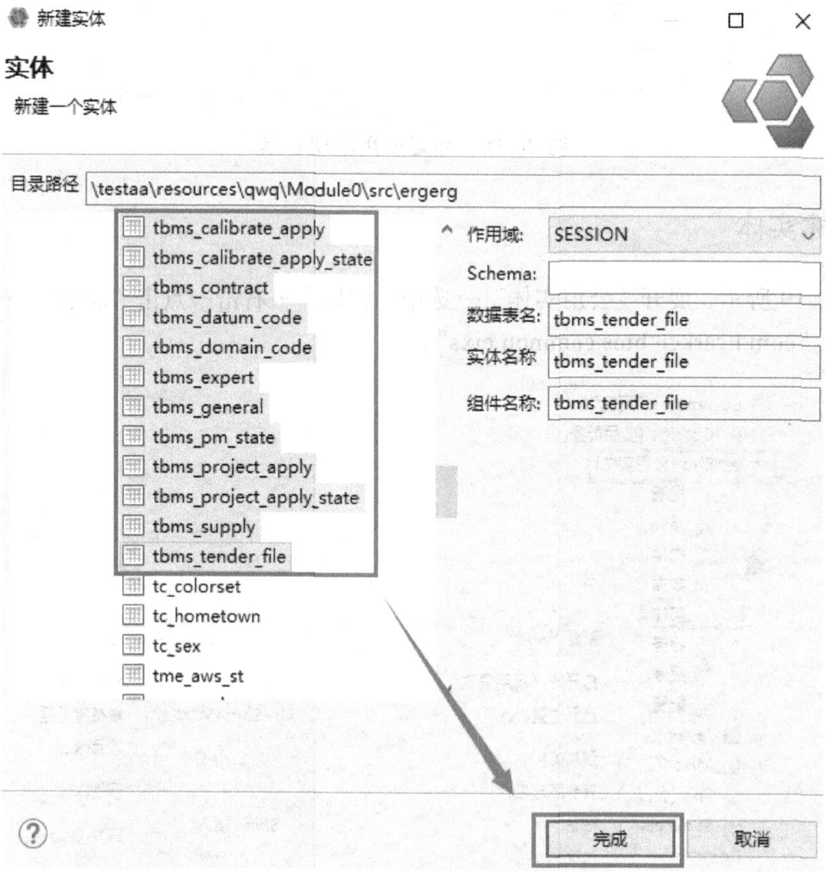

图 20-21　选择数据表

新建完成的实体如图 20-22 所示。

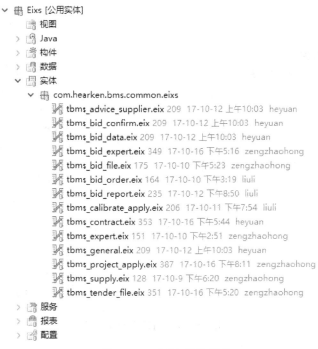

图 20-22　新建好的实体

六、创建测试项目部署运行

在核格平台内可使用"工程部署向导"进行可视化快速部署，具体步骤如下：
（1）如图 20-23 所示，点击"工程部署向导"按钮。

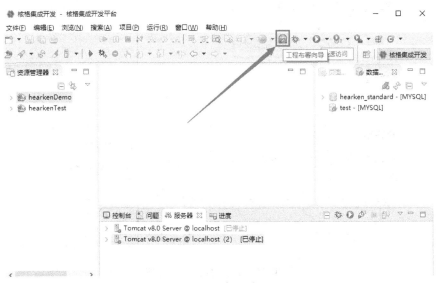

图 20-23　部署向导

（2）如图 20-24 所示，点击"创建部署"按钮。

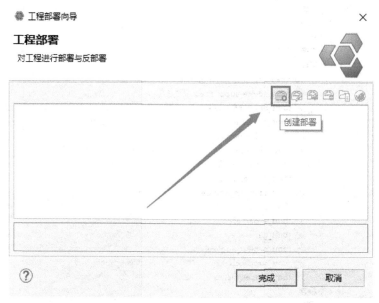

图 20-24　创建项目

（3）如图 20-25 所示，勾选需部署的项目→选择部署的服务器→点击"确定"。

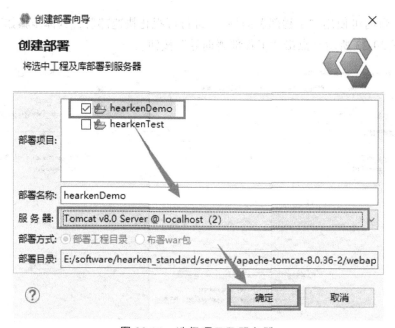

图 20-25　选择项目及服务器

（4）项目启动完成后就可启动服务器，启动服务器有两种方式：第一种，选中服务器→右击→点击"调试"或"启动"（在开发工程中用调试方式启动），如图 20-26 所示；第二种，选中服务器→点击启动按钮，如图 20-27 所示。

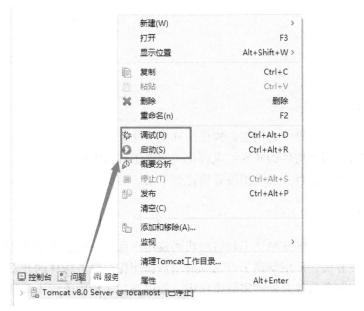

图 20-26　启动方式 1

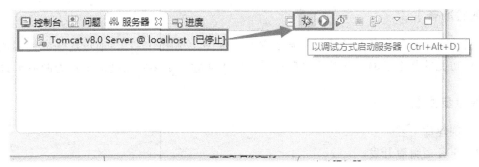

图 20-27　启动方式 2

【实验结果】

得到可正常开发部署运行的核格集成开发环境。

实验二十一 数据库保存服务

【实验学时】

2 学时。

【实验目的】

（1）掌握软件制造阶段中通用服务构件的开发方法。

（2）掌握将通用服务构件的开发结果转化成制造工程的方法。

（3）熟悉使用制造平台开发通用服务构件的方法。

【实验内容】

本实验针对开发工程师在制造工程阶段代码复用率低的问题，围绕制造转移跟踪矩阵中的元素关联和推导方法，采用制造平台完成通用数据库保存服务构件的开发，实现将方法论运用于数据库保存服务构件开发的实际操作中，使得开发工程师能深入理解方法论及熟练使用制造平台。

【实验准备】

本实验需要事先准备新增招标申报表服务装配图（见图 17-2），通过这些资料实现对数据库保存功能的基本了解，并基于这些资料完成本实验。本实验用到的工具为制造平台。

【实验步骤】

（1）创建库工程。

（2）业务逻辑流开发。

（3）构件开发。

（4）服务装配开发。

【参考案例】

招议标管理系统在"制造工程"阶段会涉及很多数据库操作功能，可以从中提取很多公用的数据库操作服务，这里仅以单表的数据库保存服务构件开发为例。

一、创建库工程

在制造平台中新建一个库工程来创建数据库保存通用功能，如图 21-1 所示为新建库工程，图 21-2 所示为库工程。

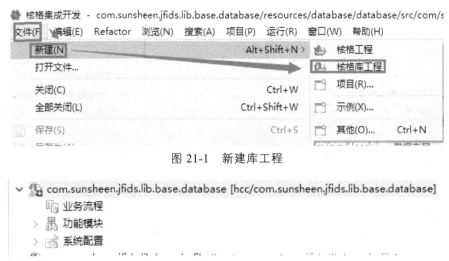

图 21-1 新建库工程

图 21-2 库工程

二、业务逻辑流开发

数据库保存服务构件或接口的编排是在业务逻辑流中实现的，因此，首先在制造平台库工程内新建各级目录、包，新建业务逻辑流文件，如图 21-3 所示。

图 21-3 业务逻辑流文件

双击业务逻辑流文件，如图 21-4 所示，在"基本属性配置"内添加数据变量，即要编排的接口。

图 21-4　添加数据变量

在"业务构件配置"里添加"参数"，数据名为"controlList"和"entityList"，数据类型均为"java.utl.List"，添加"返回"，数据名为"retMsg"，数据类型为"java.utl.Map"，如图 21-5 所示。

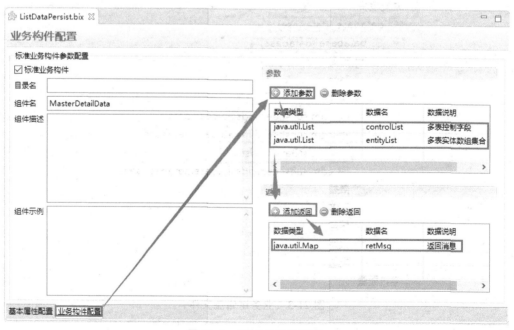

图 21-5　添加变量及返回

保存数据后即可看到生成的 run.bix 文件，如图 21-6 所示。

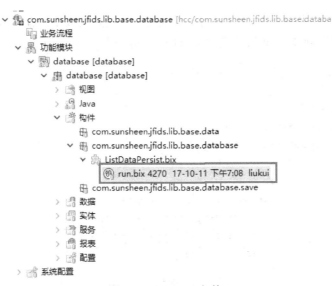

图 21-6　run.bix 文件

双击打开 run.bix 文件，接着打开"业务逻辑流构件库"，在构件库内切换到变量视图，将新创建的接口拖入 run.bix 编辑器中进行编排，如图 21-7 所示。

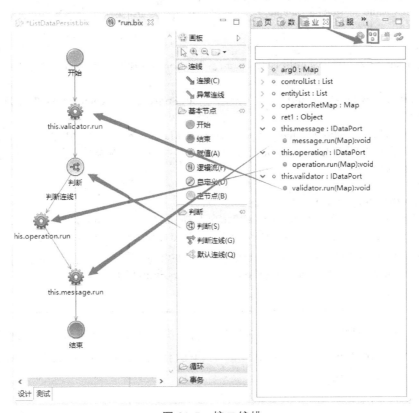

图 21-7　接口编排

三、构件开发

接口编排完成后，接下来生成接口对应的构件，首先开发数据保存构件，如图21-8所示，在制造平台库工程里创建包和 Java 类"SaveComponent"。

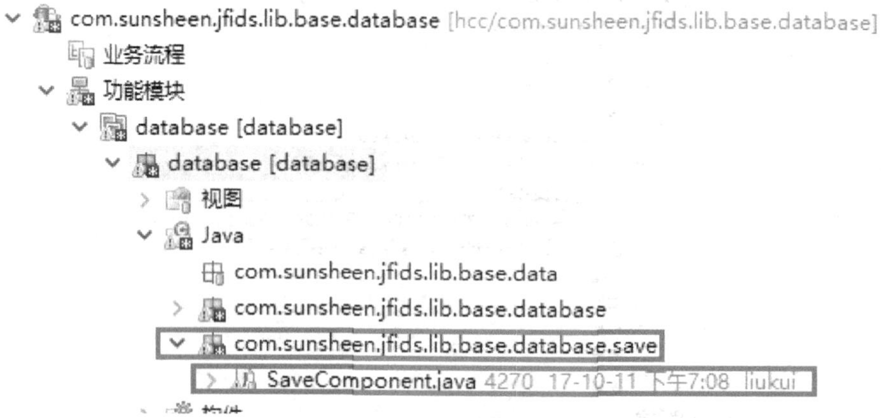

图 21-8　数据保存构件

部分代码如下：

```java
@BixComponentPackage（dirname = "DEMOUTILS"）
public class SaveComponent extends ABaseComponent {
  @Component（name = "save"，  memo = "将新增的数据放入 list 集合作为参数传入，并进行批量插入"）
  @Params（{
      @ParamItem（type = "java.util.List"，  name = "argControlList"，  comment = "需要操作的控制对象"），
      @ParamItem（type = "java.util.List"，  name = "argEntityList"，  comment = "需要操作的实体对象列表"）}）
  @Returns（retValue = { @ReturnItem（type = "java.util.Map"，  name = "retMsg"，  comment = "返回执行结果，返回以下格式的 Map: {retcode:", retmsg:"}，其中 retcode 包含（'0':失败, '1':成功), retmsg: 操作结果提示信息"）}）
  @Override
  public Object run（Map param） {
    List argControlList = （List）this.getCallParam（param，"argControlList"）;
    List<Object> argEntityList = （List<Object>）this.getCallParam（param，"argEntityList"）;
    System.out.println（argControlList + "====" + argEntityList）;
    return new CommonDao（）.save（argControlList，argEntityList）;
  }
}
```

接下来，创建数据验证构件。为了对构件进行分类，如图21-9所示，单独创建了一个库工程"com.sunsheen.jfids.lib.base.data.valid"，并创建各级目录以及构件"Valid Engine Component"和"ValidUtil"。

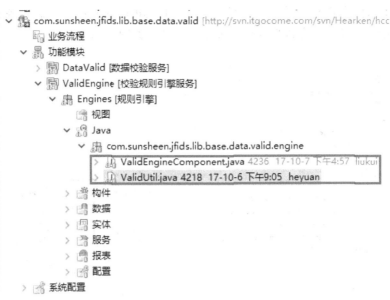

图 21-9　验证构件

四、服务装配开发

在制造平台库工程内创建服务装配，将根据设计工程阶段的设计对某个服务进行逐层装配，生成服务构件。

创建的数据库持久化服务 "ListDataPersistence" 如图 21-10 所示。具体操作步骤如下：

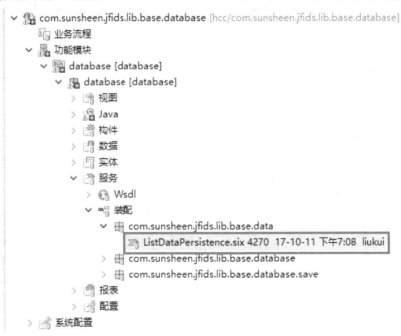

图 21-10　数据库持久化服务

（1）双击打开数据库持久化服务"ListDataPersistence"，将业务逻辑流构件
"ListDataPersist"拖动到服务编辑器内生成服务构件，如图 21-11 所示。

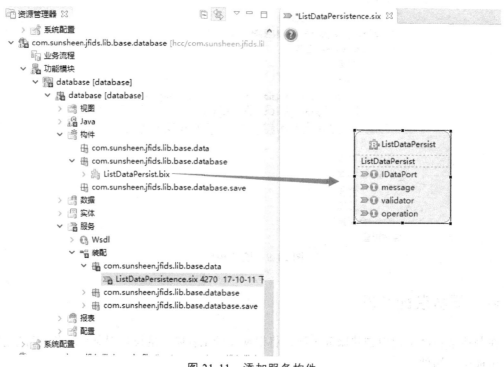

图 21-11　添加服务构件

（2）如图 21-12 所示，将数据验证 Java 类"ValidEngineComponent"拖动到服务内生成
验证服务构件。

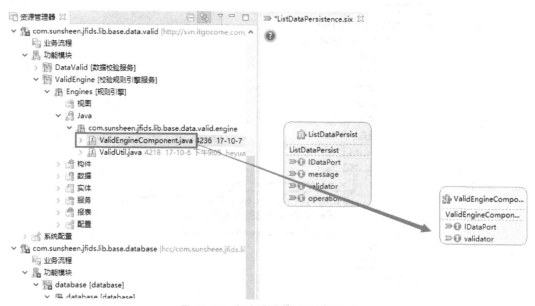

图 21-12　添加数据验证服务构件

（3）用"基本连线"连接添加的两个构件，如图 21-13 所示：单击画板内的"基本连线"→点击"ListDataPersistence"构件的"validator"接口→单击"ValidEngineComponent"构件的"IDataPort"参数。

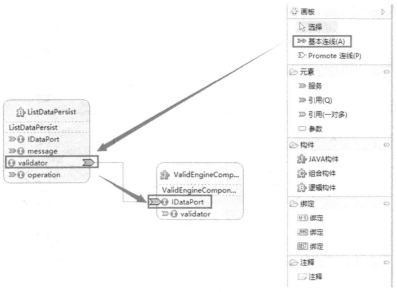

图 21-13　连接构件

（4）构件的其他接口不在数据库持久化服务内实现。将已实现的接口向外暴露，在其他服务层实现，如图 21-14 所示：单击画板内的"Promote"连线→用鼠标左键选中未实现的接口向右侧拖动→松开鼠标。

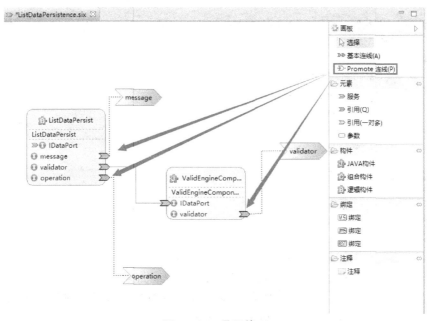

图 21-14　暴露接口

（5）该服务需要被其他服务调用，因此需要将服务向外层暴露，操作步骤如图 21-15 所示：单击画板内的"Promote"连线→用鼠标左键选中接口"IDataPort"向左侧拖动→松开鼠标。

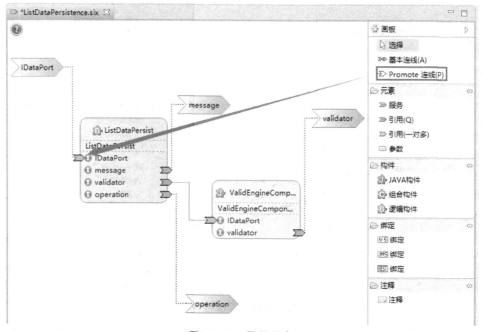

图 21-15　暴露服务

（6）如图 21-16 所示，新建服务文件"ListDataDBPersistence"，如图 21-17 所示，将服务"ListDataPersistence"拖入编辑器中生成服务构件，然后暴露服务及接口。

```
✓ 🖳 com.sunsheen.jfids.lib.base.database [hcc/com.sunsheen.jfids.lib.base.database]
   🖳 业务流程
   ✓ 🖳 功能模块
      ✓ 🖳 database [database]
         ✓ 🖳 database [database]
            > 🖳 视图
            > 🖳 Java
            > 🖳 构件
            > 🖳 数据
            > 🖳 实体
            ✓ 🖳 服务
               > 🖳 Wsdl
               ✓ 🖳 装配
                  > 🖳 com.sunsheen.jfids.lib.base.data
                  ✓ 🖳 com.sunsheen.jfids.lib.base.database
                     🖳 ListDataDBPersistence.six 4270  17-10-11 下午7:08  liukui
```

图 21-16　新建服务

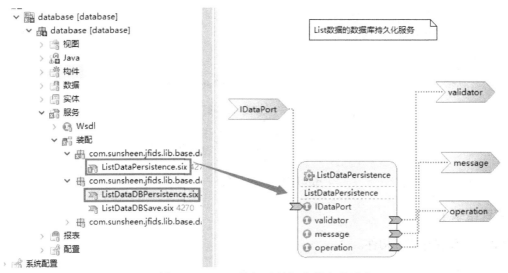

图 21-17　List 数据的数据库持久化服务

（7）新建服务"ListDataDBSave"，如图 21-18 所示，将服务"ListDataDBPersistence"、Java 类"DataBaseMessageComponent"和"SaveComponent"拖入编辑器中，用连线连接构件，暴露服务和接口。

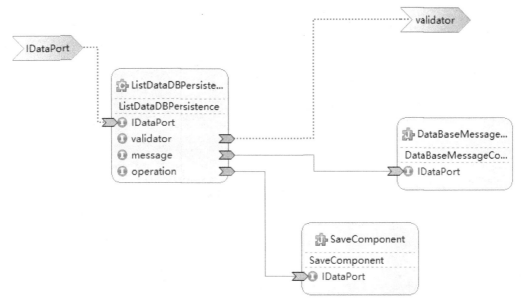

图 21-18　ListDataDBSave 服务

（8）最后，新建一个供页面逻辑流调用的服务"Save"，如图 21-19 所示，并将服务"ListDataDBSave"拖入相应的编辑器中生成数据库保存服务构件，将服务向外暴露。

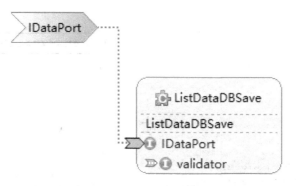

图 21-19　Save 服务

【实验结果】

单表数据库保存服务构件。

实验二十二　页面逻辑流组合构件开发

【实验学时】

2 学时。

【实验目的】

（1）掌握制造工程阶段公用页面逻辑流组合构件的开发方法。
（2）掌握将公用页面逻辑流组合构件的开发结果转化成制造工程的方法。
（3）熟悉制造平台在软件制造阶段的使用方法。

【实验内容】

本实验针对开发工程师在制造工程阶段中页面逻辑流复用率低的问题，围绕制造转移跟踪矩阵中的元素关联和推导方法，采用制造平台完成页面逻辑流功能开发过程中公用组合构件的创建，实现将方法论运用于公用页面逻辑流组合构件开发的实际操作中，使得开发工程师能深入理解方法论及熟练使用制造平台。

【实验准备】

本实验需要事先准备设计工程阶段的用例脚本等，并基于这些资料完成本实验。本实验用到的工具为制造平台。

【实验步骤】

（1）添加页面逻辑流所需构件。
（2）连接构件。
（3）创建局部变量。
（4）配置参数。
（5）调用组合构件。

【参考案例】

整个招议标管理系统在制造工程阶段会涉及很多页面的单表操作功能，可以从中提取很多公用的单表操作服务，这里仅以单表新增功能页面逻辑流组合构件的开发为例。

一、添加页面逻辑流构件

在制造平台构件库"com.sunsheen.jfids.lib.base.database"中创建页面逻辑"form"，并创

建页面逻辑流"insertForm"。

如图 22-1 所示，依次向"insertForm"页面逻辑流中添加单表新增功能需要的构件：表单验证构件 valid、两个判断构件、警告框 alert 构件、获取表单数据构件 getFormDataBean、赋值构件、自定义构件、服务调用构件 callService、重新加载表格构件 reload、表单置空构件 reset 及两个消息提示框 tip 构件。

图 22-1　在"insertForm"　页面逻辑流中添加构件

二、连接页面逻辑流构件

构件添加好后就按照构件的执行顺序连接构件，构件连接顺序如下："开始"连接到"valid"（如无特殊说明，构件的连接线默认使用"画板"内"连线"的第一个"连接(C)"，连线方法为首先点击"画板"内的"连接(C)"，接着将光标移动到第一个构件上，最后按住鼠标左键拖到第二个构件上即可，其他连线方式类似）；"valid"连接到"判断"；"判断"连接到"alert"（使用"画板"里"判断"目录下的"判断连线(G)"）；"判断"连接到"getFormDataBean"（使用"画板"里"判断"目录下的"默认连线(Q)"）；"getFormDataBean"连接到"赋值"；"赋值"连接到"自定义"；"自定义"连接到"callService"，"callService"连接到"结束"；"callService"连接到"判断"（使用"画板"内"连线"目录下的"调用(V)"）；"判断"连接到"reload"构建（使用"画板"里"判断"目录下的"默认连线(Q)"）；"reload"连接到"reset"；"reset"连接到"tip"；"tip"连接到"cancel"；"cancel"连接到"空节点"；"判断"连接到"tip"（使用"画板"里"判断"目录下的"判断连线(G)"）；"tip"连接到"空节点"，最终效果如图 22-2 所示。

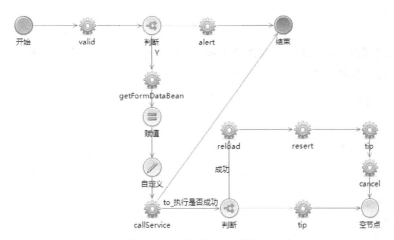

图 22-2　连接页面逻辑流构建

三、创建局部变量

图 22-2 中的一些构件需要传入参数数据或者需要定义局部变量保存数据。

双击页面逻辑流编辑器空白处，制造平台将弹出页面逻辑流配置面板，在变量处新增局部变量"serviceData"用于保存组装好的数据，"valid"用于保存表单验证构件的数据。构件的传入参数创建如图 22-23 所示。

图 22-23　创建变量

四、配置参数

变量创建好后就依次配置每个构件的参数，每个构件参数配置依次如下：

（1）Valid 构件参数配置如 22-4 所示。

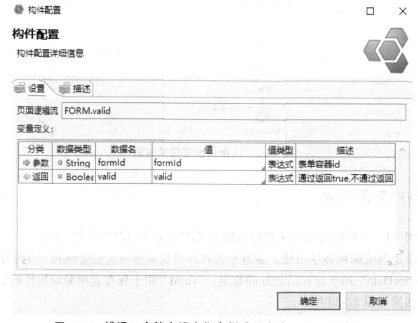

图 22-4　错误！文档中没有指定样式的文字。-1 valid 构件

（2）第一个判断节点参数配置如图 22-5 所示。

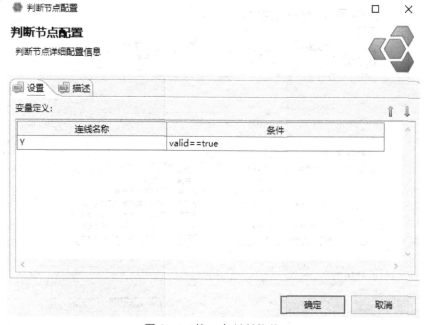

图 22-5　第一个判断构件

（3）alert 构件参数配置如 22-6 所示。

图 22-6   alert 构件

（4）getformDataBean 构件参数配置如图 22-7 所示。

图 22-7   getFormDataBean 构件

（5）赋值构件参数配置如 22-8 所示。

赋值运算
赋值运算
定义变量及变量赋值
设置
描述
变量名
变量值
类型
serviceData
{controlList:[{mode:'insert'}],entityList:[bean]}
表达式
确定
取消

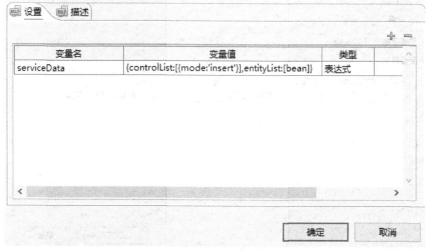

图 22-8　赋值构件

（6）自定义构件参数配置如图 22-9 所示。

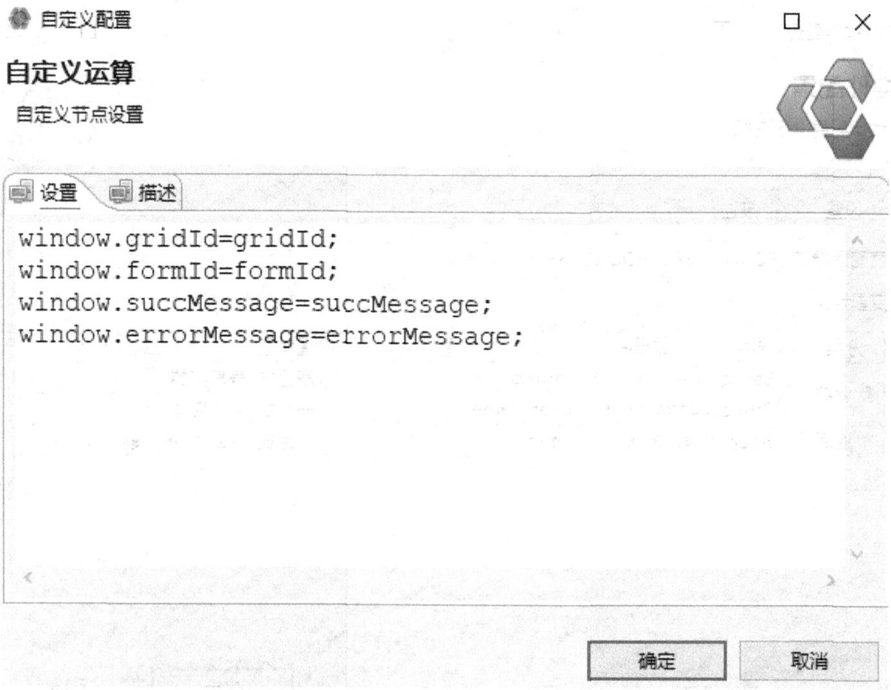

自定义配置
自定义运算
自定义节点设置
设置
描述
window.gridId=gridId;
window.formId=formId;
window.succMessage=succMessage;
window.errorMessage=errorMessage;
确定
取消

图 22-9　自定义构件

（7）callService 构件参数配置如图 22-10 所示。

图 22-10　callService 构件

（8）第二个判断构件参数配置如图 22-11 所示。

图 22-11　第二个判断构件

（9）reload 构件参数配置如 22-12 所示。

图 22-12　reload 构件

（10）reset 构件参数配置如 22-13 所示。

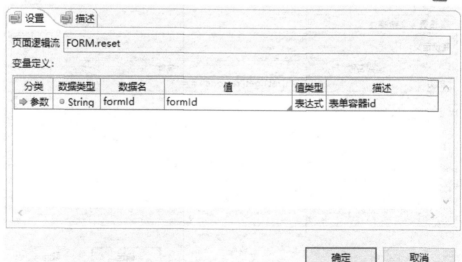

图 22-13　reset 构件

（11）提示操作成功的 tip 构件参数配置如图 22-14 所示。

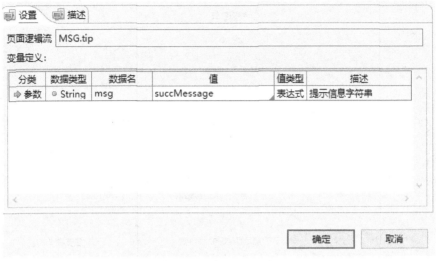

图 22-14　提示操作成功的 tip 构件

（12）提示操作失败的 tip 构件参数配置如图 22-15 所示。

图 22-15　提示操作失败的 tip 构件

可按照相同方式分别创建单表修改、单表删除、多表新增、多表修改、多表删除等组合页面逻辑流功能。

单表修改功能业务逻辑流如图 22-16 所示。

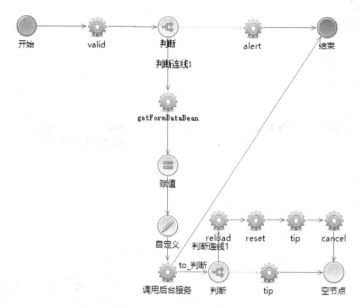

图 22-16 单表修改功能

单表删除功能页面逻辑流如图 22-17 所示。

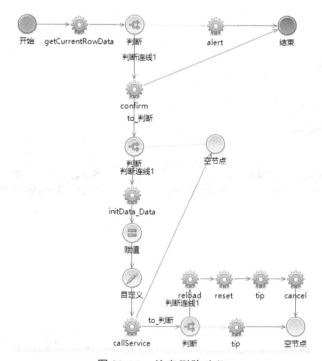

图 22-17 单表删除功能

多表新增功能页面逻辑流如图 22-18 所示。

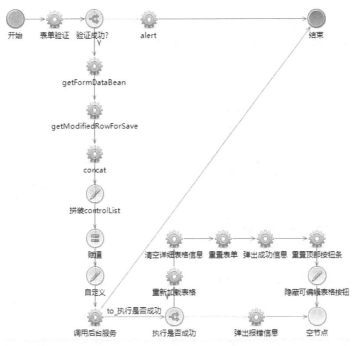

图 22-18　多表新增功能

多表修改功能页面逻辑流如图 22-19 所示。

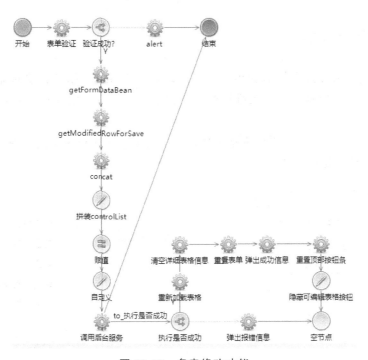

图 22-19　多表修改功能

多表删除功能页面逻辑流如图 22-20 所示。

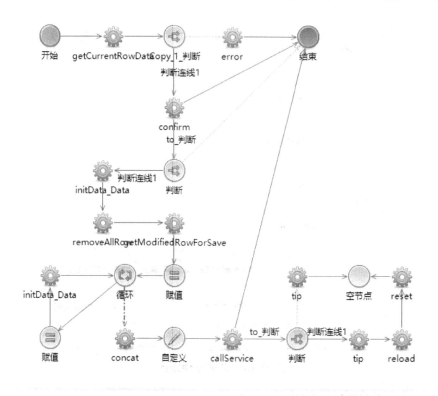

图 22-20　多表删除功能

五、调用组合构件

单表新增组合构件开发好后就可在页面逻辑流中调用了。招议标管理系统中的"招议标项目申报"就是一个典型的单表维护模块，这里就以开发"招议标项目申报"的新增功能为例。

如图 22-21 所示，在制造平台中选中招议标项目申报模块目录下的"视图"→右击→点击"新建"→选择"页面逻辑"。

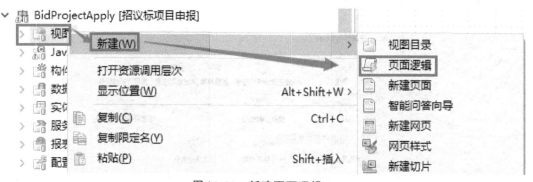

图 22-21　新建页面逻辑

如图 22-22 所示，页面逻辑名称为"Pd"，取消创建默认页面逻辑流，点击"完成"。

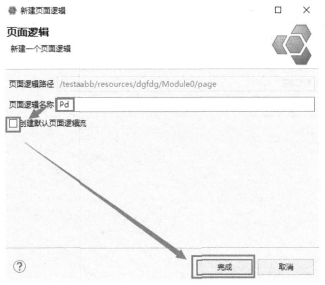

图 22-22　新建页面逻辑流 2

1. 新增事件

如图 22-23 所示，选中新建的页面逻辑"Pd"→右击→点击"新建"→选择"页面逻辑流"，如图 22-24 所示，页面逻辑流名称为"add"。

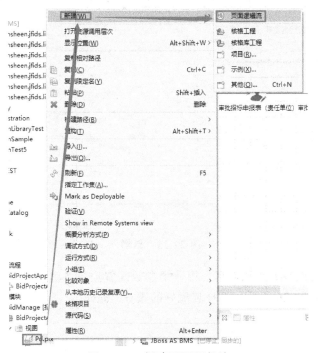

图 22-23　新建页面逻辑流

图 22-24　添加页面逻辑流名称

如图 22-25 将库工程内已创建好的 "insertForm.pix" 拖动到编辑器内并用普通连线连接构件。

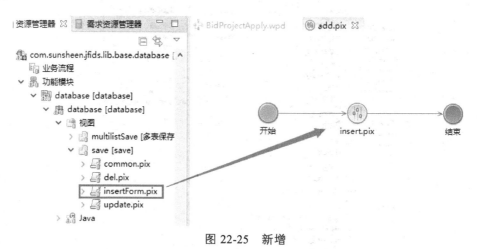

图 22-25　新增

双击打开构建配置参数，双击选中第一个参数配置项服务名，按 "Alt + /" 智能提示打开服务选择框，如图 22-26 所示，选择装配好的服务 "save"。

图 22-26 选择服务

如图 22-27 所示，依次配置参数 formId、beanName、gridId、succMessage、errorMessage 的值为"formPd""tbms_project_apply""GridPd""招议标项目申报新增成功！""招议标项目申报新增失败！"。

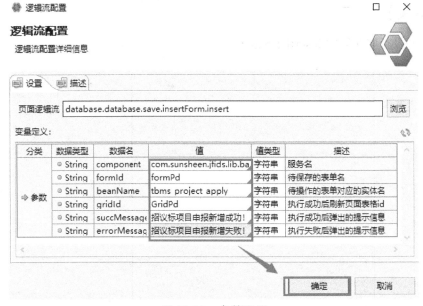

图 22-27 参数配置

2. 按钮绑定 add.pix 页面逻辑流文件

如图 22-28 所示，双击页面按钮组→点击"新增"按钮后的浏览→选择新增事件"add"点击"确定"→点击"确定。

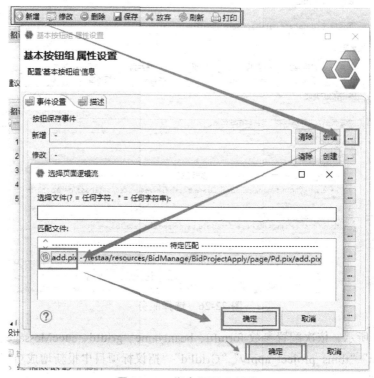

图 22-28　绑定页面逻辑流

【实验结果】

可执行单表新增功能的 insertForm.pix。

实验二十三　单表维护开发

【实验学时】

2 学时。

【实验目的】

（1）掌握软件制造阶段单表维护的开发方法。
（2）掌握将单表维护开发结果转化成制造工程的方法。
（3）熟悉制造平台在软件制造阶段的使用方法。

【实验内容】

本实验围绕制造转移跟踪矩阵中的元素关联和推导方法，采用制造平台完成，实现将方法论运用于单表维护开发的实际操作中，使得开发工程师能深入理解方法论及熟练使用制造平台。

【实验准备】

本实验需要事先准备设计工程阶段设计的高保真页面（见图 23-1）等，通过这些资料实现对高保真页面的基本了解，并基于这些资料完成本实验。本实验用到的工具为制造平台。

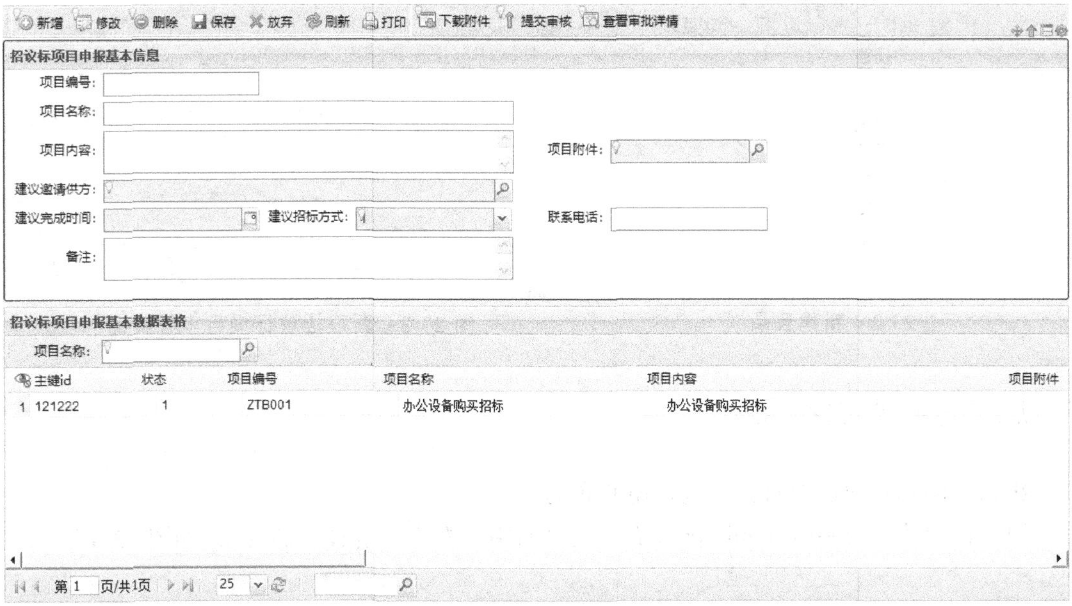

图 23-1　高保真页面

【实验步骤】

（1）新建页面。

（2）进行页面布局。

（3）添加表单并添加表单项。

（4）添加表格并添加表格列。

（5）新建数据查询。

【参考案例】

这里以"招议标项目申报"为例进行单表的维护开发。

一、新建页面

（1）如图 23-2 所示，在制造平台中新建功能目录"招议标管理"和模块目录"招议标项目申报"。

（2）如图 23-3 所示，在视图下面新建页面，选中视图→右击→点击"新建"→选择"新建页面"，页面名称为"pd"，显示名称为"招议标项目申报"。

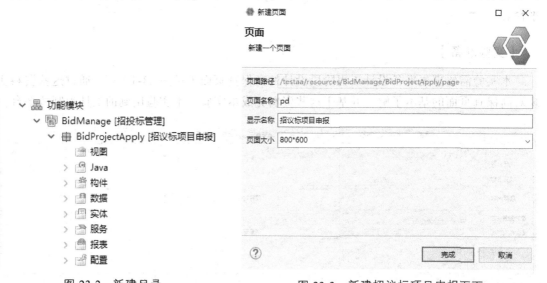

图 23-2　新建目录　　　　图 23-3　新建招议标项目申报页面

二、进行页面布局

根据高保真页面需要对页面进行南北布局。

（1）在制造平台中打开 pd.vix 页面，在页面中央右击→选择"属性"，如图 23-4 所示。

图 23-4　打开属性页

（2）如图 23-5 所示，在属性页内有东、南、西、北四个方向，后面属性初始都是"false"，单击某一方向后属性将变成"true"，并且布局是可以相互嵌套的，可以在某一布局里面再次进行布局，这里只需要南北布局，点击"北"将属性变为"true"，布局就分好了。

图 23-5　页面布局

三、添加表单并添加表单项

页面上方有一个表单，用来编辑每条项目申报信息。

（1）如图 23-6 所示，在制造平台中展开页面右侧的小三角→展开"画板"后展开"表单"→单击"表单"→将鼠标移动到北布局内单击。

图 23-6　添加表单

（2）双击表单设置表单编号与标题，如图 23-7 所示，分别设为"formPd"与"招议标项目申报信息"。

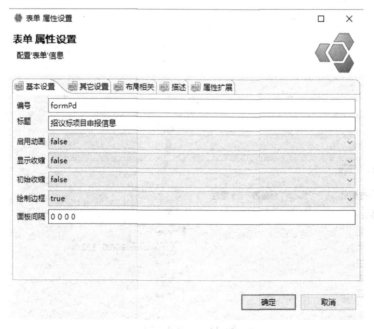

图 23-7　表单设置

（3）往表单中填充数据，如图 23-8 所示，将对应的实体拖动到表单中，在"表单数据配置"弹框中直接点击"确定"按钮，表单数据将会自动填充，如图 23-9 所示。

图 23-8　表单数据配置

图 23-9　表单

四、添加表格并添加表格列

（1）如图 23-10 所示，展开"表格"，接着单击"普通表格"，再将鼠标移动到北布局内单击。

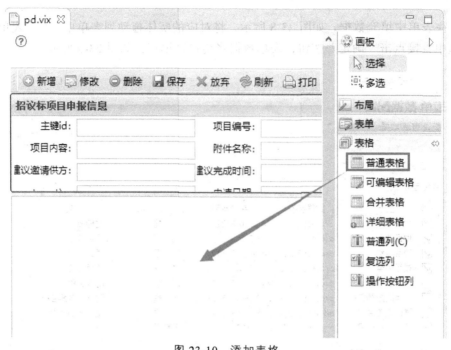

图 23-10 添加表格

（2）如图 23-11 所示，双击表格，修改表格编号为"GridPd"，标题为"招议标项目申报基本数据表格"。

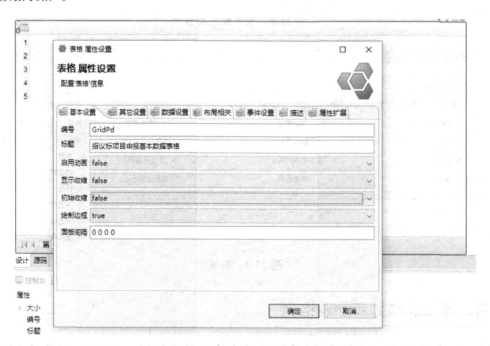

图 23-11 修改表格编号及标题

（3）接着往表格中填充数据，将实体拖动到表格中，如图 23-12 所示，在"表格数据配置"弹框中直接点击"确定"按钮，表格数据将会自动填充，如图 23-13 所示。

图 23-12　自动生成表格项

图 23-13　表格

五、新建数据查询

表格创建完成后可以看到表格左上角有报错提示，这是因为表格需要数据源提供数据才能正常显示。

（1）如图 23-14 所示，在制造平台中选中模块目录下的"数据"→右击→点击"新建"→包，包名为"com.hearker.bms.bidmanage.project.declare"。

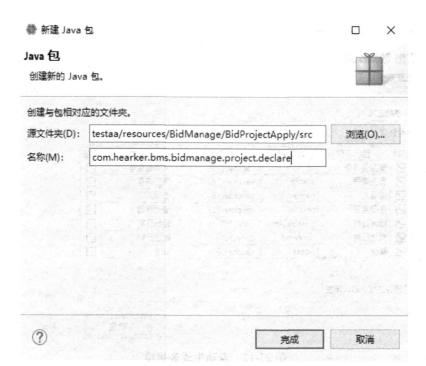

图 23-14　新建包

（2）如图 23-15 所示，选中新建的包→右击→点击"新建"→选择"数据查询"，数据查询名称为"Pd"。注意：根据命名规范数据查询名称首字母必须大写。

图 23-15　新建数据查询

（3）如图 23-16 所示，将实体"tbms_project_apply"拖拽到数据查询中，平台将弹出"SQL查询生成向导"，在向导中选择生成需要的查询语句，如图 23-17 所示。

图 23-16　SQL 查询生成向导

图 23-17　数据查询

（4）将表格与数据查询进行绑定，如图 23-18 所示，打开"项目申报"页面，双击表格打开表格配置窗口，依次选择"数据设置"→"配置"→"设置"→选择数据文件→选择查询文件。

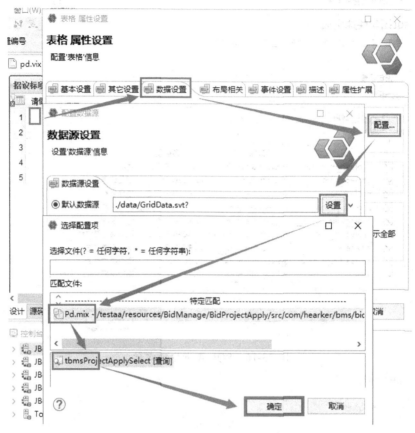

图 23-18　配置数据源

数据源配置好后保存页面，表格错误提示就消失了。可按照设计工程阶段高保真页面依次开发其他页面。

【实验结果】

"招议标项目申报" pd.vix 页面表格的维护。

实验二十四 业务流程开发

【实验学时】

2 学时。

【实验目的】

（1）掌握软件制造阶段业务流程的开发方法。
（2）掌握将业务流程的开发结果转化成制造工程的方法。
（3）熟悉制造平台在软件制造阶段的使用方法。

【实验内容】

本实验针对开发工程师在软件制造阶段中难以快速准确开发业务流程的问题，围绕制造转移跟踪矩阵中的元素关联和推导方法，采用制造平台进行流程制造，实现将方法论运用于业务流程开发的实际操作中，使得开发工程师能深入理解方法论及熟练使用制造平台。

【实验准备】

本实验需要事先准备设计工程阶段"工作流转换过程"（见图 24-1）等，通过这些资料实现对如何获取工作流的基本了解，并基于在线执行的工作流完成本实验。本实验用到的工具为制造平台。

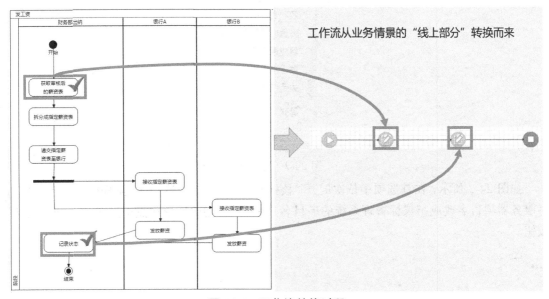

图 24-1　工作流转换过程

在设计工程阶段转换业务情景后得到初步的"工作流",再经过分析保留 "线上部分"就得到了需要在线执行的工作流。

【实验步骤】

（1）配置流程引擎。
（2）创建流程文件。
（3）流程配置。
（4）配置流程类型。

【参考案例】

一、配置流程引擎

如图 24-2 所示,点击制造平台上方的"窗口"菜单,在菜单里选择"首选项"。

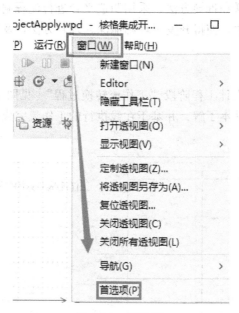

图 24-2　首选项

如图 24-3 所示,在首选项中依次展开"核格平台"→"工作流"→"流程引擎交互配置",将服务器项目名改成招议标管理系统的项目名"BMS",完成后依次点击"应用"和"确认"按钮。

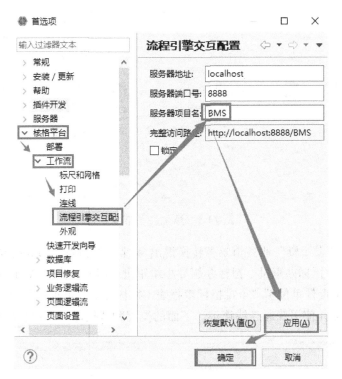

图 24-3　流程引擎交互配置

二、创建流程文件

如图 24-4 所示，在"业务流程"目录下创建流程目录"BidProjectApply"，然后在流程目录"BidProjectApply"下创建流程文件"BidProjectApply. wpd"。

∨ 业务流程
　　∨ BidProjectApply
　　　　BidProjectApply.wpd
　> 功能模块
　> 系统配置

图 24-4　流程文件

如图 24-5 所示，在"BidProjectApply"流程编辑器中添加"任务"节点，选中任务节点的名称，按 F2 键修改节点名称为"招议标项目申报"。

图 24-5　添加任务节点

根据图 24-6，"发工资"业务情景可转换得出 4 个在线执行环节，分别为招议标项目申报、责任单位审批、招标办审批、招标办领导小组审批。因此，依次添加"招议标项目申报""审批招标申报表（责任单位）""审批招标申报表（招标办）""审批招标申报表（招标办领导小组）"等流程节点并使用普通连线连接。下面的流程配置仅以"招议标项目申报"为例。

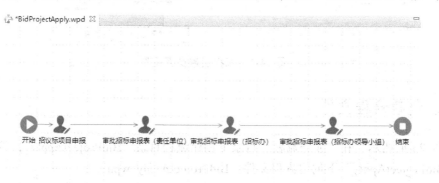

图 24-6　流程文件

三、流程配置

在每个流程文件中都需要配置执行人、绑定的页面、流程变量等数据，下面以页面绑定、流程变量的配置为例进行介绍。

1. 页面绑定

如图 24-7 所示，双击打开流程第一个任务节点"招议标项目申报"，依次选择"表单"→ "浏览"，在浏览框内输入页面名称"pd"，找到本项目的项目申报页面后点击"确定"。

图 24-7　选择申请页面

2. 流程变量配置

如图 24-8 所示，点击"参数配置"里的加号添加流程变量，键为"project_apply_id"，值为"project_apply_id"，变量类型为"流程变量"，按照相同配置方式依次配置其他节点。

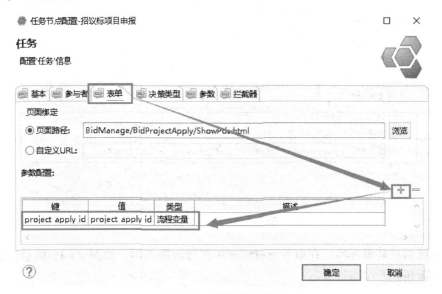

图 24-8　流程变量配置

四、配置流程类型

流程配置完成需要将项目部署并启动服务器后才能发布，如图 24-9 所示，点击"工程部署向导"按钮。

图 24-9　工程部署向导

如图 24-10 所示，在工程部署向导内点击"新建部署"按钮，在创建部署向导窗口中勾选工程"BMS"，选择部署的服务器，点击"完成"，等待项目部署完成。

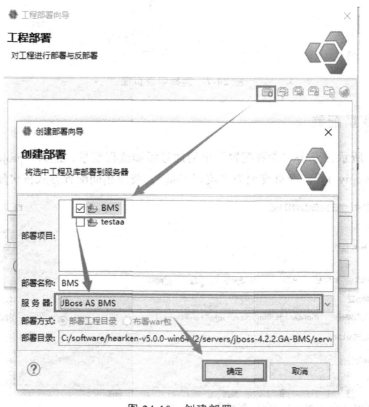

图 24-10　创建部署

部署完成后启动服务器，在服务器窗口选中部署的服务器，如图 24-11 所示，点击以调试方式启动按钮。

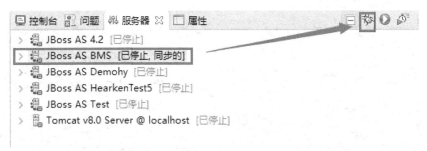

图 24-11　启动服务器

启动完成后如图 24-12 所示。

图 24-12　服务器正常启动

启动完成后需要登录系统创建流程类型，如图 24-13 所示，在"工程部署向导"里选中部署的工程，点击浏览器访问，也可以直接在浏览器输入访问网址"localhost:8888/BMS/index.xhtml"。

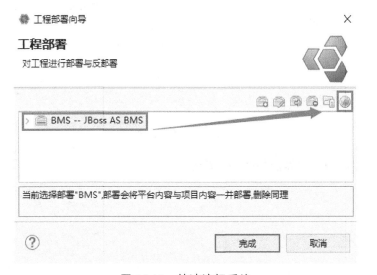

图 24-13　快速访问系统

系统登录页面如图 24-14 所示。

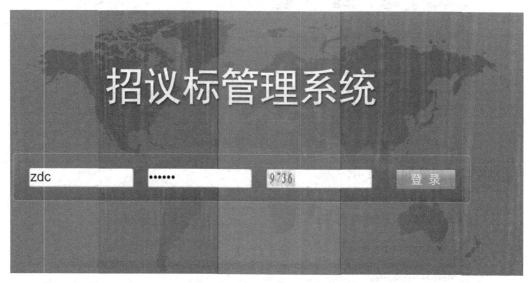

图 24-14　登录系统

如图 24-15 所示，登录系统后依次展开"流程管理"→"基础信息"，选中根节点→点击"新增"按钮→填写流程类型基本数据→点击"保存"按钮。

图 24-15　新增流程类型

流程类型新建成功后的界面如图 24-16 所示。

图 24-16　流程类型新建成功

【实验结果】

"BidProjectApply" 业务流程文件。

第五篇 测试工程

实验二十五 制订测试计划

【实验学时】

2 学时。

【实验目的】

（1）掌握软件测试阶段测试计划的制订方法。

（2）掌握将测试计划的制订结果转化成质量工程的方法。

（3）熟悉质量平台在软件测试阶段的使用方法。

【实验内容】

本实验针对测试工程师在软件测试阶段中难以准确制订测试计划的问题，围绕软件工程转移跟踪矩阵中的元素关联和推导方法，采用质量平台进行测试，实现将方法论运用于测试计划制订的实际操作中，使得测试工程师能深入理解方法论及熟练使用质量平台。

【实验准备】

本实验需要事先准备需求文档、设计文档等，通过这些资料实现对需求工程和设计工程的基本了解，并基于这些资料完成本实验。本实验用到的工具为质量平台。

【实验步骤】

（1）编写测试策略。

（2）创建测试流程。

（3）资源需求。

（4）各阶段时间分配。

（5）测试过程管理。

【参考案例】

一、编写测试策略

1. 测试遵守的原则

招议标项目的特点:

(1)参与测试的人员大部分是第一次接触招议标系统。

(2)内容涉及广泛,细节功能复杂。

(3)距离初验时间不到两个月,时间比较紧迫。

根据以上特点,招议标项目的测试尽可能遵守几点原则:

(1)尽量做到在有限的时间里发现尽可能多的缺陷(尤其是严重缺陷)。

(2)测试计划、部分用例设计同步进行。

(3)测试过程要受到控制。根据事先定义的测试执行顺序进行测试,并填写测试记录表,保证测试过程是受控的。

(4)确定重点。测试重点放在招议标管理实现上,问题较多的则是重中之重。

2. 测试范围

制定招议标管理系统项目测试范围的依据为:各模块所包含的功能以及同项目负责人特别确定的测试范围。测试范围如表 25-1 所示。

表 25-1　测试范围

招议标管理模块	招议标项目申报
	招议标项目申报审核
	提交招标文件
	招标文件审核
	提交投标文件
	评议标小组管理
	评标
	定标
	中标通知书管理
招议标项目合同管理	招议标项目合同管理
基础信息管理	合格供方库管理
	评标专家库管理
	投标文件管理
	招标项目工作总结管理
	招议标资料归档

3. 测试类型

（1）功能测试。

功能测试指测试软件各个功能模块的功能是否正确，逻辑是否正确。

对测试对象的功能测试应侧重于所有可直接追踪到用例或业务功能和业务规则的测试需求。这种测试的目标是核实数据的接受、处理和检索是否正确，以及业务规则的实施是否恰当。此类测试基于黑盒技术，该技术通过图形用户界面（GUI）与应用程序进行交互，并对交互的输出或结果进行分析，以此来核实应用程序及其内部进程。功能测试的主要参考为类似于功能说明书之类的文档。

（2）负载测试。

负载测试是一种性能测试，指数据在超负荷环境中运行程序是否能够承担负荷。在这种测试中，将使测试对象承担不同的工作量，以评测和评估测试对象在不同工作量条件下的性能行为，以及持续正常运行的能力。负载测试的目标是确定并确保系统在超出最大预期工作量的情况下仍能正常运行。此外，负载测试还要评估性能特征，例如，响应时间、事务处理速率和其他与时间相关的方面。比如，在 B/S 结构中用户并发量测试就是属于负载测试的用户，可以使用测试工具，模拟上百人数的客户同时访问网站，测试系统响应时间和处理速度如何。

（3）安全性和访问控制测试。

安全性和访问控制测试侧重于安全性的两个关键方面：应用程序级别的安全性（包括对数据或业务功能的访问）、系统级别的安全性（包括对系统的登录或远程访问）。

① 应用程序级别的安全性。

可确保：在预期的安全性情况下，主角只能访问特定的功能或用例，或者只能访问有限的数据。例如，可能会允许所有人输入数据，创建新账户，但只有管理员才能删除这些数据或账户。如果具有数据级别的安全性，测试就可确保"用户类型一"能够看到所有客户消息（包括财务数据），而"用户类型二"只能看见同一客户的统计数据。比如 B/S 系统，不通过登入页面，直接输入 URL，看其是否能够进入系统。

② 系统级别的安全性。

可确保：只有具备系统访问权限的用户才能访问应用程序，而且只能通过相应的网关来访问。比如输入管理员账户，检查其密码是否容易猜取，或者可以从数据库中获得。

4. 测试风险和应急

招议标项目中可能遇到的测试风险以及应急方案如表 25-2 所示。

表 25-2　测试风险与测试应急

序号	测试风险		测试应急
1	需求风险	1. 软件需求本身不清晰或者开发商对产品的需求特性理解不准确，有偏差，这样导致开发的产品功能可能不是用户真正想要的功能。 2. 需求变更风险，在项目的后期用户总是不停地提出需求变更，从而影响设计、代码，并且最终反映到测试中来。需求变更后，测试用例没有及时更新；更重要的是在项目的后期频繁地变更需求会导致测试的时间不充分	1. 在项目开发过程中的每一个阶段，尽量让有决策权的核心用户看到产品已经实现的每个阶段的功能，如果不是用户想要的东西尽早提出来，总之要让用户参与进来。 2. 另外，对于后期用户不停地提出需求变更，作为开发商来说，应该多和有决策权的核心用户多沟通，争取更充分的研发时间和测试时间，或者最好能把后期提出的功能放到下一个版本中实现
2	人员风险	1. 核心测试人员的请假、离职。 2. 测试人员的工作态度不端正、工作态度差。 3. 测试人员的测试技术不足，比如说产生测试的思维定势，有问题的地方始终测试不到位	1. 对于核心的测试人员可能离职而延误测试的情况，作为测试管理者可以在平时给这些核心人员配置一些可以候补的测试人员来向他们学习，以避免这些核心人员的请假、离职的时候，可以立即补充上来。另外，对于一些关键的业务和技术一定要有文档。 2. 可通过对测试工程师进行考评的方式来监督他们每天的工作情况，看看其工作态度是不是尽心尽力，是否符合目前的项目测试工作，如果发现不符合，测试管理者可以找其单独谈话督促其改正 3. 每个测试工程师的思维方式肯定存在差别，作为测试管理者可以让这些工程师在每一轮测试工作完成后，再进行不同模块的交差测试
3	代码质量的风险	如果开发人员提交上来的代码质量很差，软件缺陷很多，那么对于测试工程师来说测漏的可能性就越大	对于程序员提交给测试部门的代码一定要在前期做好充分的单元测试，对于核心模块的代码一定要有资深的开发工程师进行前期检查。
4	测试环境的风险	测试人员在测试过程中搭建的测试环境，虽然原则上是尽可能模拟用户实际使用的环境，但是不可能100%完全和用户的环境一样，这样就会存在一定的风险，因为有些软件的缺陷只有在特定的环境下（包括硬件、操作系统、杀毒软件、不同版本的补丁和用户实际使用的数据等）才能出现	测试团队在测试过程中搭建测试环境时，应尽量无限制地模拟用户使用的环境（硬件、操作系统的版本和补丁，数据库的版本与补丁），在测试的时候尽量和用户沟通获得用户真实的数据进行测试。
5	测试工程师对产品的业务不熟悉	1. 测试工程师不了解用户究竟是如何操作产品和用户的操作习惯。 2. 测试工程师接入项目测试的时间太短	可以找一些相关行业的专家给测试人员进行培训，当然用户也就是最好的行业专家。另外测试人员一定要在项目的前期就介入到项目中去熟悉产品，对产品越熟悉找出的软件缺陷越有价值。

序号	测试风险	测试应急
6	测试深度和广度的风险	1. 测试的广度,用户的操作肯定是千变万化的,测试工程师在测试的时候肯定不能100%覆盖到这些千变万化的操作。有些极端的情况容易被遗漏,测试不到。 2. 测试的深度,有些软件只有在特定的情况下,在多用户并发的情况下使用的过程中才会产生软件的缺陷,但是测试工程师在测试的时候往往容易忽略这种情况	测试工程师在写测试用例的时候,尽量提高测试的覆盖率(在测试用例完成后组织进行测试用例的评审工作),如果测试用例能覆盖不同的用户、千变万化的操作最好,特别是一些边界值、深层次的逻辑关系等,以及用户实际使用环境下的场景(如大用户量的并发操作等)
7	测试资源的不充分	1. 硬件资源不够。 2. 软件资源不充分,比如在项目的后期进行回归测试的工作量很大,但是测试的人手不够。 3. 测试时间不充足,开发人员由于各种原因导致提交测试到测试团队的时间延迟	测试管理者可申请更多的测试资源,如购置独立的测试服务器,组建更多的测试人员,测试管理者做好测试风险评估等

二、创建测试流程

1. 测试过程

在本项目中,我们将整个测试过程分为几个里程碑,达到一个里程碑后才能转换到下一阶段,以控制整个过程,见表25-3。

表25-3　测试过程信息

里程碑	完成标准
系统培训	1. 完成了招议标管理系统项目所有需要测试功能的培训。 2. 测试人员已经对所有被测招议标系统/模块进行了使用,了解了被测系统的具体功能
测试设计	1. 测试用例已覆盖所有测试需求。 2. 测试用例设计已经完成
测试执行	1. 所有测试用例被执行。 2. 发现的缺陷都有缺陷记录。 3. 测试过程有测试记录
结果分析	完成测试分析报告

2. 测试实施过程

本项目由两位测试人员分别负责不同的模块进行测试,实施过程如下:

(1)准备测试所需环境。

(2)准备测试所需数据。

（3）按照系统运行结构执行相应测试用例。

（4）记录测试过程和发现的缺陷。

（5）报告缺陷。

3. 测试方法综述

本项目测试包括：

（1）测试各功能是否有缺陷。

（2）测试人员执行测试时，要严格按照测试用例中的内容来执行测试工作。

（3）测试人员要将测试执行过程记录到测试执行记录文档中。

（4）测试人员要将测试中发现的问题记录到缺陷记录中。

（5）测试组织。

4. 测试团队结构

测试团队结构（人员配备）如表 25-4 所示。

表 25-4 测试团队结构

角色	人员	职责
测试主管	1人	1. 组织测试培训 2. 组织环境搭建 3. 制订测试计划 4. 需求、用例审核 5. 控制测试进度 6. 与相关部门、人员沟通
客户指派	1人	1. 协助沟通 2. 协助确定测试需求 3. 协助准备测试环境和数据
测试设计	1人	1. 设计测试用例 2. 准备测试数据
测试执行	2人	1. 按计划执行测试用例 2. 记录执行过程 3. 提出纠正建议措施
缺陷报告	1人	记录并报告所发现的缺陷
测试分析	2人	1. 分析测试结果 2. 编写测试分析报告

三、确定资源需求

1. 培训需求

参与本次测试的测试人员需要项目组长对测试人员进行系统的相关培训。培训内容包括：

（1）系统架构的培训。

（2）系统数据流程的培训。

（3）各模块功能的培训。

（4）本次的重点测试对象。

2. 测试环境和测试数据

（1）网络拓扑结构及说明。

该测试环境采用星形网络拓扑结构，如图 25-1 所示，在千兆局域网中，由两台客户端分别连接核心交换机，从核心交换机再分支到数据库服务器、Web 服务器和应用服务器中。

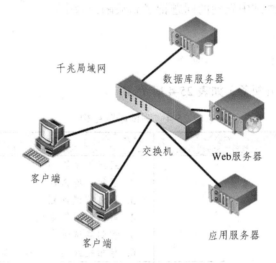

图 25-1　网络拓扑结构

（2）测试环境。

测试环境信息如表 25-5 所示。

表 25-5　测试环境信息

	硬件环境		软件环境
核格制造平台	CPU：Intel(R)Core(TM) i5-3210M； 主频：2.50 GHz； 内存：8 GB； 硬盘：1 TB		操作系统：Windows 10 专业版； 数据库：MySQL 5.6
业务系统环境	硬件环境		软件环境
	型号	配置/性能参数	
1	数据库服务器	CPU：Intel(R)Xeon(R)E5-2609； 主频：2.50 GHz； 内存：32 GB； 硬盘：2 TB	操作系统：Windows 7； 数据库：MySQL 5.6

2	应用服务器	CPU：Intel(R)Xeon(R) E5-2609； 主频：2.50 GHz； 内存：32 GB； 硬盘：2 TB	操作系统：Windows 7； 服务器：Jboss 4.2
3	Web 服务器	CPU：Intel(R)Xeon(R) E5-2609； 主频：2.50 GHz； 内存：32 GB； 硬盘：2 TB	操作系统：Windows 7
2	客户端： 兼容机	CPU：Intel(R)Core(TM) i3-5010U； 主频：2.10 GHz； 内存：4 GB； 硬盘：500 GB	操作系统：Windows 10 专业版； 浏览器：Google Chrome 54.0

（3）测试数据。

测试数据主要按照招议标的业务规则，参考《招议标管理系统设计说明书》和《数据规格说明书》中规定的运行限制，设计测试用例，作为招议标管理系统的测试数据。

四、各阶段时间分配（进度）

表 25-6 列出了各阶段时间分配情况。

表 25-6　各阶段时间分配

序号	名称	工作量/人天
1	测试计划	1
2	系统培训	2
3	测试设计	2
4	测试执行	5
5	结果分析	1

五、测试过程管理

1. 测试文档管理

本项目对测试文档进行集中管理，文档集中存放在项目测试小组长处，每周备份一次。测试文档由不同角色分别创建，各角色创建的文档如表 25-7 所示。

表 25-7　测试文档信息表

文档名称	编制者	其他说明
《测试计划》	测试主管	
《测试用例说明书》	测试设计人员	
《缺陷记录》	缺陷报告人员	
《测试总结分析报告》	测试主管	

2. 缺陷管理

测试结束时项目经理将所有缺陷整合成一个完整的缺陷文档，同其他测试文档一同提交给客户。

3. 测试报告

测试过程中，需要编制测试总结报告，主要内容如表 25-8 所示。

表 25-8　测试报告信息

报告名称	报告内容	编制者	接受者
测试总结报告	1. 测试过程概要； 2. 测试分析总结； 3. 建议	何圆	客户代表 项目经理

【实验结果】

《测试计划》文档。

实验二十六　设计测试用例

【实验学时】

2 学时。

【实验目的】

（1）掌握系统测试各阶段需要测试的内容。

（2）掌握系统测试各阶段需要的测试方法和工具。

【实验内容】

本实验根据测试计划中制订的框架和规范，结合质量工程中的测试方法和测试工具，以招议标管理系统的招议标项目申报模块为示例进行测试用例的设计，实现将测试方法运用于系统测试的实际操作中，使得测试工程师能掌握测试用例设计的方法。

【实验准备】

本实验需要事先准备测试计划的结果资料，包括测试范围、测试通过准则、测试用例设计说明、测试环境、时间安排和测试过程管理等，以及招议标管理系统需求设计过程中的相关文档，包括需求分析报告、需求规格说明书、系统设计说明书等，通过这些资料达到对设计测试用例的基本了解，并基于这些资料完成本实验。

【实验步骤】

（1）编写测试方法。

（2）介绍测试工具。

（3）编写测试功能列表。

（4）编写测试各阶段的测试用例。

【参考案例】

一、编写测试方法

根据测试计划中编写的测试类型：功能测试、负载测试、安全性和访问控制测试等，可以将系统分为不同的测试阶段，如静态测试阶段、功能项测试阶段、性能测试阶段、安全测试阶段。

（1）静态测试方法很多，主要有代码审查、正式技术评审、同级评审、走查等形式和方法，基本都是通过会议的形式阅读代码和文档，检查其中存在的问题或错误。

（2）功能项测试方法主要有等价类划分、边界值分析法、错误推测法、因果图法等。

（3）性能测试常见的方法有压力测试、并发测试、稳定性测试等。

（4）安全测试一般使用功能验证、漏洞扫描、模拟攻击实验等方法。

二、介绍测试工具

软件的测试工具很多，使用工具的类型取决于测试的软件类型，以及是进行黑盒测试还是白盒测试。

在招议标管理项目中主要对系统做了性能测试中的并发测试，并使用 LoadRunner（商业软件）进行在 100 并发、500 并发、1000 并发下页面响应时间的测试。功能测试，则通过访问招议标项目申报的页面进行相关的功能测试。安全与访问控制测试，则是通过 AppScan（商业软件）访问招议标项目申报的页面进行漏洞扫描。

三、编写测试功能列表

根据测试计划中制订的测试范围，结合系统设计说明书中招议标项目申报的模块功能，列出了招议标项目申报的测试功能列表，如表 26-1 所示。

表 26-1　招议标项目申报测试功能

	测试内容	测试描述
招议标项目申报	新增招议标项目申报	测试是否能正常进行新增
	修改招议标项目申报	测试是否能正常进行修改操作，以及处于招议标项目申报流程中的数据不能修改
	删除招议标项目申报	测试是否能正常进行删除操作，以及处于招议标项目申报流程中的数据不能删除
	提交招议标项目申报	测试招议标项目申报流程是否正常提交

四、编写测试各阶段的测试用例

1. 静态测试阶段

（1）文档审查。

测试文档有两个等级，如果是非代码，如打印的用户手册或者包装盒，测试就是静态过程，可以视为技术编辑或者技术校对。如果文档和代码紧密结合在一起，如超级链接的联机手册，就要进行动态测试。

在招议标管理系统中对软件开发各个阶段所产生的文档进行审查，如表 26-2 所示，列出了需求到测试阶段需要审查的文档。

表 26-2   文档审查表

项目阶段		文档名称	是否提交	是否完整
需求阶段		需求分析报告	√	√
		需求规格说明书	√	√
设计阶段		系统设计说明书	√	√
开发阶段		开发手册	√	√
测试阶段		测试计划	√	√
		测试说明	√	√
		测试记录	√	√
		测试报告	√	√

（2）代码走查。

检查代码需要有一定的编程经验，才可以对软件设计和代码进行测试。

在某些行业中，此类验证不如黑盒测试通用。然而，如果是测试军队、金融、工业、医药类软件，或者在组织严格的开发模式下工作，代码及产品验证是一项必不可少的步骤。

表 26-3 为招议标管理系统中招议标项目申报功能部分代码走查情况。

表 26-3   招议标项目申报代码走查情况

配置项	编码是否规范	具有相关注释	其他
submitAudit（提交审核）	√	√	
showDetail（查看审批详情）	√	√	

2. 功能项测试阶段

根据的测试功能列表（见表 26-1），设计招议标项目申报的测试用例，如表 26-4 所示。

表 26-4   招议标项目申报测试用例

用例标识	BMS_BidProjectApply				
功能模块	招议标项目申报				
前置条件	用例开始前，建立了"建议招标方式"等基础数据				
验证点	编号	验证点描述	测试步骤	期望结果	
新增招议标项目申报信息	zwdsj_dataint_themedate01	测试是否能正常进行新增操作	录入所有数据，执行新增操作	1. 能正常进行新增操作。2. 能正常显示新增的数据。3. 新增后给出操作反馈提示，刷新页面	

修改招议标项目申报信息	zwdsj_dataint_themedate02	测试是否能正常进行修改操作	1. 不选择任何记录，直接点击修改按钮。 2. 选择一条记录，执行修改操作	1. 如果未选择数据，提示用户选择数据。 2. 能够正常进行修改保存，更新数据库中相应的值
删除招议标项目申报信息	zwdsj_dataint_themedate03	测试是否能正常进行删除操作	1. 不选择任何记录，直接点击删除按钮。 2. 选择一条记录，执行删除操作	1. 如果未选择数据，提示用户选择数据。 2. 如果选择了数据，提示"确定删除？"，选择"是"后执行删除，选择"否"后放弃本次操作。 3. 能够正常进行删除保存，更新数据库，提示删除结果。
提交审核	zwdsj_dataint_themedate04	测试是否能正常进行提交操作	1. 不选择任何记录，直接点击提交按钮。 2. 选择一条记录，执行提交操作	1. 如果未选择数据，提示用户选择数据。 2. 如果选择了数据，提示"确定提交？"，选择"是"后执行提交，选择"否"后放弃本次操作。 3. 能够正常进行提交审核，更新数据库，提示提交结果

3. 性能测试阶段

根据测试计划中编写的性能测试类型说明和测试通过准则，说明该系统在测试时需要达到的性能指标要求。

招议标系统主要测试在一定并发下页面响应时间以及提交流程的事务平均响应时间，例如，在 100 并发下，访问项目申报页面的平均响应时间在 3 s 内，在 200 并发下，提交项目申报在 4 s 内完成，事务平均响应时间在 4 s 内，则说明满足要求。

招议标项目申报的性能测试用例见表 26-5 和表 26-6。

表 26-5　招议标项目申报页面并发测试

用例名称	招议标项目申报页面并发测试	用例编号	Effic-TC-01
需求来源	Effic-01		
用例描述 （子功能点）	打开项目申报页面：172.18.140.117:8888/BMS/BidManage/BidProjectApply/pd.html，页面信息能正常返回到客户端，则表示浏览请求成功		
场景设置	通过多用户进行基础页面访问，测试页面响应：CPU 使用率、进程队列长度、内存利用率、服务器吞吐量		
性能检查点	1. 页面响应时间不超过 3 s； 2. 服务器 CPU 使用率在 50% 以下； 3. 服务器吞吐量小于网络带宽的 50%； 4. 内存利用率在 50% 以下		

表 26-6　提交项目申报并发测试

用例名称	提交项目申报并发测试		用例编号	Effic-TC-02
需求来源	Effic-02			
用例描述 （子功能点）	打开代表页面：172.18.140.117:8888/BMS/BidManage/BidProjectApply/pd.html，页面信息能正常返回到客户端，则表示浏览请求成功			
场景设置	1. 无思考时间； 2. 循环间隔 pacing 为 0； 3. http 响应 TimeOut 设置为 600 s； 4. 初始化所有用户； 5. 设置集合点，实现用户并发操作； 6. 设置并发数为，200 进行并发测试			
性能检查点	1. 页面响应时间不超过 3 s； 2. 服务器资源消耗不超过 80%； 3. 网络带宽使用率不超过 100%			

4. 安全测试阶段

安全测试是针对在系统运行时可能出现的安全问题，进行对应的测试，根据测试计划中的测试类型说明和测试通过准则，列出招议标管理系统的安全性测试用例，见表 26-7。

表 26-7　招议标项目安全性测试用例

用例名称	招议标项目安全性测试	用例编号	Sec-TC-01
需求来源	Sec-01、Sec-02、Sec-03		
应用安全审查	1. 应用系统用户权限管理		
	2. 应用系统验证控制		
	3. 应用系统用户唯一		
	4. 应用系统密码设置		
	5. 长时间未进行任何操作，再次进行操作时，应退出到登录页面		
数据安全审查	1. 重要业务数据采用加密或采用其他保护措施实现存储保密性		
	2. 提供对重要信息进行备份和恢复的功能		
	3. 通过登录认证、严格授权、传输加密、数据实时备份等多种方式管理关键敏感数据		
	4. 业务数据采用严格授权管理，对所有用户进行权限分类管理，保护数据和程序免受无权用户的肆意篡改		

用例名称	招议标项目安全性测试		用例编号	Sec-TC-01
安全漏洞扫描	1. SQL 注入			
	2. XPath 注入			
	3. 跨站点脚本编制			
	4. 跨站点请求伪造			
	5. 远程文件包含			

【实验结果】

《测试用例说明书》。

实验二十七　执行测试用例

【实验学时】

2 学时。

【实验目的】

（1）熟悉并使用性能测试工具进行并发测试。

（2）熟悉并使用漏洞扫描工具进行安全性和访问控制测试。

【实验内容】

本实验严格按照系统测试每个阶段编写的测试用例，对招议标管理系统的招议标项目申报模块进行系统测试，实现将测试用例运用于系统测试的实际操作中，提升测试工程师进行系统测试的能力。

【实验准备】

本实验需要事先准备设计测试用例的《测试用例说明书》，以及招议标管理系统需求到测试过程中的相关文档，包括需求分析报告、需求规格说明书、系统设计说明书等，通过这些资料达到对测试用例的基本了解，并基于这些资料完成本实验。本实验用到的工具有性测试工具 LoadRunner、漏洞扫描工具 AppScan。

【实验步骤】

（1）执行测试用例。

（2）填写功能模块测试记录。

（3）填写缺陷记录。

【参考案例】

一、执行测试用例

根据设计完成的测试用例，通过访问招议标项目申报页面进行相关的测试，招议标项目申报页面如图 27-1 所示。

图 27-1　招议标项目申报页面

二、填写功能模块测试记录

功能测试、性能测试与系统安全性测试进行时需要做好测试记录，由于文档审查和代码走查一般在编写测试分析报告时进行相关测试并详细描述，测试记录可在实验二十八中查看，此处不再列出。

（1）招议标项目申报模块的功能测试记录表见表 27-1。

表 27-1　招议标项目申报功能测试记录表

功能模块	子模块	测试内容	是否通过
招议标管理	招议标项目申报	招议标项目申报新增	通过
		招议标项目申报修改	通过
		招议标项目申报删除	通过
		提交招议标项目申报表	通过

（2）招议标项目申报模块性能测试记录表见表 27-2。

表 27-2　招议标项目申报性能测试记录表

用例编号	用例名称	测试指标	测试说明		测试结果			
并发测试								
Effic-TC-01	申报页面	支持 200 并发	并发数		1	50	100	200
			响应时间/s		0.094	1.649	3.442	5.785
			资源利用率	CPU 使用率/%	5%	30%	61%	75%
				成功率/%	100	100%	100%	100%
Effic-TC-02	提交项目申报信息	支持 200 以上并发	并发数		1	50	100	200
			响应时间/s		0.139	0.591	1.447	2.758
			资源利用率	CPU 使用率/%	2%	14%	23%	61%
				成功率/%	100	100%	100%	100%
测试结论	通过							

（3）招议标项目申报模块系统安全性测试结果见表 27-3。

表 27-3　招议标项目申报系统安全性测试

用例编号	测试项	测试说明	测试结果
Sec-TC-01	应用安全审查	1. 应用系统用户权限管理	通过
		2. 应用系统验证控制	通过
		3. 应用系统用户唯一	通过
		4. 应用系统密码设置	通过
		5. 长时间未进行任何操作，再次进行操作时，应退出到登录页面	通过
	数据安全审查	1. 重要业务数据采用加密或采用其他保护措施实现存储保密性	通过
		2. 提供对重要信息进行备份和恢复的功能	通过
		3. 通过登录认证、严格授权、传输加密、数据实时备份等多种方式管理关键敏感数据	通过
		4. 业务数据采用严格授权管理，对所有用户进行权限分类管理，保护数据和程序免受无权用户的肆意篡改	通过
	安全漏洞扫描	1. SQL 注入	通过
		2. XPath 注入	通过
		3. 跨站点脚本编制	通过
		4. 跨站点请求伪造	通过
		5. 远程文件包含	通过

三、填写缺陷记录

此部分详述在整个测试过程中出现的所有缺陷,对已出现的缺陷进行详述,描述它对整个系统的影响(用优先级来表示,一级为影响系统运行的重大缺陷,二级为一般性缺陷但必须修改,三级为优化性缺陷或合理性建议),通过对出现的缺陷的完善和修复,确保整个系统过程的正常运行。

招议标项目申报模块缺陷记录表见表27-4。

表27-4 招议标项目申报模块缺陷记录表

序号	主题	优先级	报告人	详细描述
1	招议标项目申报表格信息显示错误	1	张奎	招议标项目申报表格信息显示错误,可能是数据库脏数据的问题
2	修改招议标项目信息保存后,刷新页面,按钮图标显示错误	2	张奎	修改招议标项目信息保存后,刷新页面,按钮图标显示错误
3	希望对新增招议标信息时的文件上传功能进行优化	3	张奎	文件上传后希望能显示文件后缀

【实验结果】

《测试记录》;

《缺陷记录》。

实验二十八　编写测试分析报告

【实验学时】

2 学时。

【实验目的】

（1）了解测试工具测试数据的参数含义。
（2）掌握对测试结果进行分析的能力。

【实验内容】

本实验根据执行测试用例的相关实验结果，对测试阶段的测试结果进行总结分析，编写测试结论，提升测试工程师的系统测试分析能力。

【实验准备】

本实验需要事先准备《测试记录》和《缺陷记录》，以及招议标管理系统需求到测试过程中的相关文档（包括需求分析报告、需求规格说明书、系统设计说明书等）和测试过程中相关工具的测试结果数据，通过这些资料对测试结果的进行总结分析，并基于这些资料完成本实验。

【实验步骤】

（1）编写测试内容。
（2）编写测试结果分析。
（3）总结问题及建议。
（4）编写测试结论。

【参考案例】

一、编写测试内容

1. 功能测试

执行测试用例后，在测试分析报告的功能测试用例中填写测试结果信息。招议标项目申报新增功能测试用例表见表 28-1。

表 28-1　招议标项目申报新增功能测试用例表

测试用例名称	Sec-Tc-Ts-01	测试角色	测试人员
测试内容	招议标项目申报新增		
测试准备条件	招议标管理系统可以正常访问		
测试数据准备	建立了“建议招标方式”等基础数据		
测试过程	点击新增按钮，录入招议标项目申报信息，点击保存按钮		
预期结果	页面提示“保存成功”，表格刷新新增的招议标信息		
测试结果	与预期结果一致		
测试人员	张奎		

其他功能的测试用例结果信息请参照招议标项目申报新增功能测试用例表的结果信息进行编写，此处不再赘述。

2. 性能测试

100 个用户浏览项目申报界面并发测试结果如图 28-1 所示。

Maximum Running Vusers:		100	
Total Throughput (bytes):	⃠	235,756,355	
Average Throughput (bytes/second):	⃠	10,250,276	
Total Hits:	⃠	10,000	
Average Hits per Second:	⃠	434.783	View HTTP Responses Summary

You can define SLA data using the SLA configuration wizard

You can analyze transaction behavior using the Analyze Transaction mechanism

Transaction Summary

Transactions: Total Passed: 500 Total Failed: 0 Total Stopped: 0　　Average Response Time

Transaction Name	SLA Status	Minimum	Average	Maximum	Std. Deviation	90 Percent	Pass	Fail	Stop
Action_Transaction	⃠	6.877	7.273	7.462	0.143	7.421	100	0	0
Login	⃠	0.125	1.922	2.862	0.514	2.553	100	0	0
vuser_end_Transaction	⃠	0.017	0.122	0.291	0.078	0.231	100	0	0
vuser_init_Transaction	⃠	0	0.001	0.001	0	0.001	100	0	0
申报页面	⃠	3.022	3.422	3.61	0.143	3.572	100	0	0

Service Level Agreement Legend:　Pass　Fail　No Data

图 28-1　100 个用户浏览项目申报界面并发测试结果

200 个用户提交项目申报接口并发测试结果如图 28-2 所示。

Transaction Name	SLA Status	Minimum	Average	Maximum	Std. Deviation	90 Percent	Pass	Fail	Stop
Action Transaction	⊘	2.482	50.444	97.619	28.906	88.735	200	0	0
vuser_end Transaction	⊘	0.026	0.239	0.501	0.105	0.398	200	0	0
vuser_init Transaction	⊘	0.225	0.487	1.056	0.151	0.646	200	0	0
登录	⊘	0.098	0.345	0.916	0.149	0.513	200	0	0
项目申报	⊘	2.174	2.758	3.184	0.304	3.115	200	0	0

图 28-2   200 个用户提交项目申报接口测试结果

执行测试用例后，在性能测试用例中填写测试结果信息。招议标项目申报的性能测试用例表见表 28-2。

表 28-2   招议标项目申报性能测试用例表

业务通过指标				
测试项	事务平均响应时间/s	小于规定响应时间的事务	内存使用率	CPU 使用率
浏览招议标项目申报	<5	无	<50%	<50%
提交项目申报	<5	无	<30%	<30%
实际运行结果				
测试项	事务平均响应时间/s	小于规定响应时间的事务	内存使用率	CPU 使用率
浏览招议标项目申报	3.422	无	50%	50%
提交项目申报	2.758	无	<30%	<30%

3. 可靠性测试

通过准则：对软件运行中可能出现的各种异常情况和突发事件有相应的应急手段，保证软件安全性的同时可正常工作。招议标项目申报页面的可靠性测试如表 28-3 所示。

表 28-3   可靠性测试

序号	测试项	测试说明	测试结果
1	屏蔽用户错误	软件是否能屏蔽用户常见的误操作并给予提示	通过
2	出错提示	当用户操作错误或软件发生错误时，是否有准确清晰的提示，使用户知道造成错误的原因	通过
3	重要数据删除提示	对重要数据的删除操作，有警告及确认提示	通过
4	输入数据检查	对重要数据输入时软件能进行检查，并对用户的非法输入值给出对应的提示信息	通过
5	异常终止	测试过程中未出现异常退出的情况	通过

4. 维护性测试

通过准则：软件开发过程及维护文档清晰、易理解，通过软件工程规范编制。招议标管理系统的维护性测试如表28-4所示。

表28-4　维护性测试

序号	测试项	测试说明	测试结果
1	编码规范	是否约定了统一的编码规则，源码是否按照统一的编码规则进行编写	通过
2	编码说明	注释是否清晰明了，是否与程序一致	通过
3	软件文档	是否按软件工程规范编制了必要的设计开发过程文档，结合文档测试检查其规范性	通过

5. 易用性测试

通过准则：被测软件易理解、易学习、易操作，界面清晰、美观，各元素分布合理，界面风格、字体、颜色、操作方式等一致，可给用户一种良好的感观效果。招议标管理系统的易用性测试如表28-5所示。

表28-5　易用性测试

序号	测试项	测试说明	测试结果
1	易理解性	对于常用的功能，用户能不必阅读手册就能使用	通过
2		所有界面元素提供（如图标）都不会让人误解	通过
3		所有界面元素提供了充分而必要的提示	通过
4		界面结构能够清晰地反映工作流程	通过
5		用户容易知道自己在界面中的位置，不会迷失方向	通过
6		查询结果的输出方式直观、合理	通过
7	易学性	有帮助文件或用户手册	通过
8		软件导航合理	通过
9	易操作性	对相关输入限制条件进行了明确的提示说明	通过
10		采用简单、易操作性的界面，并附有友好的操作提示、数据默认值、自动检查功能	通过

6. 用户文档集测试

对用户文档集进行测试，可以通过对文档集的完备性等方面进行相关测试。招议标管理系统的用户文档集测试如表28-6所示。

表 28-6　用户文档测试

测评项	测评过程	实测结果	测评结论
需求分析报告	查看文档内容是否完备	通过	通过
需求规格说明书	查看文档内容是否完备	通过	通过
系统设计说明书	查看文档内容是否完备	通过	通过
开发手册	查看文档内容是否完备	通过	通过
测试计划	查看文档内容是否完备	通过	通过
测试说明	查看文档内容是否完备	通过	通过
测试记录	查看文档内容是否完备	通过	通过
测试报告	查看文档内容是否完备	通过	通过

7. 安全测试

（1）应用系统用户权限管理如图 28-3 所示。

图 28-3　应用系统用户权限管理

（2）应用系统验证控制如图 28-4 所示。

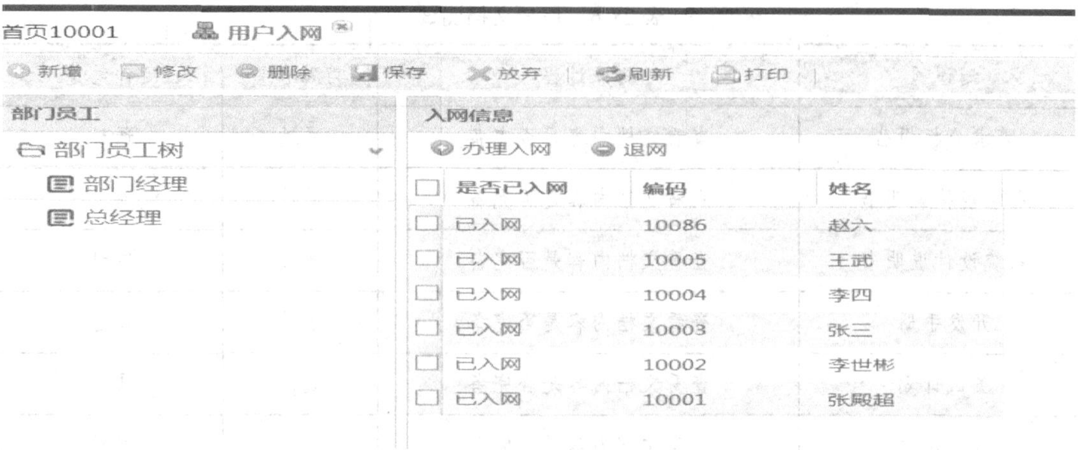

图 28-4　应用系统验证控制

（3）应用系统密码设置如图 28-5 所示。

图 28-5　应用系统密码设置

（4）重要业务数据采用加密或采用其他保护措施实现存储保密性，如图 28-6 所示。

图 28-6　系统对密码加密

（5）登录认证如图 28-7 所示。

图 28-7　系统登录

（6）登录密码数据加密如图 28-8 所示。

```
▷ Transmission Control Protocol, Src Port: 58952 (58952), Dst Port: ddi-tcp-1 (8888
▷ Hypertext Transfer Protocol
◢ HTML Form URL Encoded: application/x-www-form-urlencoded
   ▷ Form item: "username" = "zdc"
   ◢ Form item: "password" = "000518f1970096463381db71e6db"
      Key: password
      Value: 000518f1970096463381db71e6db
      Form item: "verifyCode" = ""
```

```
01e0   3d 30 2e 39 2c 69 6d 61   67 65 2f 77 65 62 70 2c   =0.9,ima ge/webp,
01f0   69 6d 61 67 65 2f 61 70   6e 67 2c 2a 2f 2a 3b 71   image/ap ng,*/*;q
0200   3d 30 2e 38 0d 0a 52 65   66 65 72 65 72 3a 20 68   =0.8..Re ferer: h
0210   74 74 70 3a 2f 2f 31 37   32 2e 31 38 2e 31 34 30   ttp://17 2.18.140
0220   2e 31 31 37 3a 38 38 38   38 2f 42 4d 53 2f 69 6e   .117:888 8/BMS/in
0230   64 65 78 2e 78 68 74 6d   6c 0d 0a 41 63 63 65 70   dex.xhtm l..Accep
0240   74 2d 45 6e 63 6f 64 69   6e 67 3a 20 67 7a 69 70   t-Encodi ng: gzip
0250   2c 20 64 65 66 6c 61 74   65 0d 0a 41 63 63 65 70   , deflat e..Accep
0260   74 2d 4c 61 6e 67 75 61   67 65 3a 20 7a 68 2d 43   t-Langua ge: zh-C
0270   4e 2c 7a 68 3b 71 3d 30   2e 39 0d 0a 43 6f 6f 6b   N,zh;q=0 .9..Cook
0280   69 65 3a 20 4a 53 45 53   53 49 4f 4e 49 44 3d 44   ie: JSES SIONID=D
0290   41 31 31 30 32 44 36 33   35 37 36 46 37 31 42 45   A1102D63 576F71BE
02a0   32 33 32 31 30 45 34 31   41 31 46 43 35 44 45 0d   23210E41 A1FC5DE.
02b0   0a 0d 0a 75 73 65 72 6e   61 6d 65 3d 7a 64 63 26   ...usern ame=zdc&
02c0   70 61 73 73 77 6f 72 64   3d 30 30 30 35 31 38 66   password =000518f
02d0   31 39 37 30 30 39 36 34   36 33 33 38 31 64 62 37   19700964 63381db7
02e0   31 65 36 64 62 26 76 65   72 69 66 79 43 6f 64 65   1e6db&ve rifyCode
02f0   3d                                                   =
```

图 28-8　登录密码数据加密

（7）SOL 注入及漏洞扫描如图 28-9 所示。

中	Configure your server to allow only required HTTP methods	3
中	登录之后更改会话标识符值	1
低	Config your server to use the "Content-Security-Policy" header	6
低	Config your server to use the "X-Content-Type-Options" header	6
低	Config your server to use the "X-Frame-Options" header	1
低	Config your server to use the "X-XSS-Protection" header	6
低	除去 HTML 注释中的敏感信息	1
低	除去 Web 站点中的内部 IP 地址	1
低	除去虚拟目录中的旧版本文件	2
低	检查链接，确定它是否确实本应包含在 Web 应用程序中	22
低	将"autocomplete"属性正确设置为"off"	1
低	将适当的授权应用到管理脚本	1
低	请勿接受在查询字符串中发送的主体参数	1
低	向所有会话 cookie 添加"HttpOnly"属性	1

图 28-9　漏洞扫描

二、编写测试结果分析

1. 性能测试结果分析

（1）100 用户并发访问申报页面，平均响应时间为 3.442 s，小于 5 s；200 用户并发提交申报时，平均响应时间为 2.758 s，小于 5 s。符合性能测试对页面响应时间的指标要求。

（2）在整个测试过程中，服务器资源消耗小于 50%，内存与 CPU 使用率小于 30%。符合性能测试对服务器和内存资源消耗的指标要求。

2. 功能测试结果分析

功能结果分析也可以从两个方面分析：

（1）测试用例对测试需求覆盖情况分析，主要是根据系统的各个功能和每个功能的测试用例，针对重要性的覆盖率进行分析。对招议标项目申报的需求覆盖率进行分析，见表 28-7。

表 28-7　需求覆盖信息

功能组	重要性	覆盖率	备注
招议标项目申报	核心	100%	
	重要	100%	
	一般	100%	

（2）从测试用例执行情况分析，对每个测试用例进行分析，详细地描述出每个测试用例的具体情况，对每个用例做出重要性的比例分析，见表 28-8。

表 28-8　用例执行信息

测试结果	用例总数		核心用例		重要用例		一般用例	
	数量	百分比	数量	百分比	数量	百分比	数量	百分比
通过	4	100%	4	100%	4	100%	0	0
失败								
放弃								
总计	4	100%	4	100%	4	100%	0	0

3. 用户文档集和代码走查测试结果分析

（1）用户文档集测试表明，该项目从需求到测试的所有阶段，文档完备且内容无误。

（2）可靠性测试和维护性测试表明，该系统的开发符合设计开发过程文档编制的规范。

4. 安全性和访问控制测试结果分析

安全测试结果显示整个系统业务数据采用严格授权管理，对所有用户进行权限分类管理，保护数据和程序免受无权用户的肆意篡改，通过登录认证、严格授权、传输加密、数据实时备份等多种方式管理关键敏感数据，未发现 SQL 注入点及高危漏洞。

三、总结问题及建议

记录在测试中发现已存在的问题、今后可能引发的性能和功能问题的隐患，并对遗留的问题制订出解决计划，问题解决计划表见表 28-9，列出测试中发现的已知和隐藏的问题给出优化建议。

表 28-9　问题解决计划表

测试用例	问题描述	建议解决方案	建议解决时间	负责人

四、测试结论

根据系统测试的结果数据和分析，对被测系统的性能和功能进行评价。若测试需求中有明确的性能和功能指标要求，则结论中要明确本次测试是否通过。

根据招议标项目申报的功能、性能以及安全测试结果，分析可知，本次测试用例执行率

100%，未发现严重隐患及缺陷，测试通过，可以进入下一阶段的工作。

【实验结果】

对测试结果进行分析后得出测试结论，完成《测试分析报告》。

招议标管理系统测试报告模板目录如下：

招议标管理系统测试分析报告

1 引言
2 测试设计简介
    2.1 测试用例设计
    2.2 测试环境及配置
    2.3 测试方法
3 测试执行情况
    3.1 测试范围和要求
    3.2 测试人员
    3.3 测试时间
    3.4 测试记录
4 测试结果及分析
5 测试结论及建议
    5.1 测试结论
    5.2 测试建议
6 附录
7 备注

附录 A 常用术语解释

附表 A 常用术语解释

术语	解释
核格工程	在核格制造平台中可独立部署运行的工程
核格库工程	用于开发构件的工程，能导出构件包
服务器	用于部署软件项目的应用服务器，如 Jboss、Tomcat 等
页面	页面对应前台网页，是 vix 后缀的资源文件，将会被编译为 xhtml 文件被前台访问
页面逻辑	页面逻辑对应前台的 Js 文件，是 pix 后缀的资源目录，将会被编译为 js 文件部署
页面逻辑流	页面逻辑流对应前台的 Js 方法，是 pix 后缀的资源文件，必须存在于页面逻辑中，将会被编译为 js 文件中的方法
Java	必须创建包，在包下面支持 Java 文件；无法显示其他类型的文件，若是创建了非 Java 类型文件将会在配置中显示；部署到 Web-INF/classes 对应包路径下
Java 文件	原生 Java 文件，可以实现复杂业务逻辑
配置	必须创建包，在包下面默认支持创建 config 文件；可以手动创建其他类型的文件(除了 six、java、eix、mix 等平台资源文件)；部署到 Web-INF/component 对应包路径下
config 文件	config 文件主要用于配置路径、上传路径、FTP 路径等，不经过编译，直接被部署
实体	必须创建包，在包下面可以支持 eix 文件；无法显示其他类型的文件，若是创建了非 eix 类型文件将会在配置中显示；部署到 Web-INF/component 对应包路径下
数据	必须创建包，在包下面可以支持 mix 文件；无法显示其他类型的文件，若是创建了非 mix 类型文件将会在配置中显示；部署到 Web-INF/component 对应包路径下
数据文件	数据文件中定义各类查询语句，是 mix 后缀的资源文件，将会被编译 sqlMap 文件部署

附录 B　开发环境介绍

一、Hearken　核格制造平台

核格制造平台是集面向构件应用的设计、开发、组装、调试、维护、部署、管理和发布于一体的集成开发环境，为企业提供构件化、可配置、图形化、一体化的软件开发技术，支撑企业信息化应用软件完整地覆盖 SOA 应用全生命周期的设计、开发、调试和部署，支持业务系统的运行、维护、管控和治理。

平台将构件技术、可配置技术、可视化技术、图形化技术与 SCA、SDO 等 SOA 技术标准完美结合起来，支持企业低成本、高质量、灵活、易管控地构造 SOA 应用和服务，以实现 SOA 架构的发展策略和目标。

下载地址：http://www.hearker.com/community/downloads/

二、Hearken 的 SOA 架构

Hearken Studio TM（以下简称"Hearken"或"核格"）是基于 J2EE 平台、采用面向构件技术实现企业级应用开发、运行、管理、监控、维护的中间件平台。Hearken（核格）是成都淞幸科技有限责任公司自主研发的基于 SOA 架构，支持 SCA1.0、SDO2.1 规范的新一代产品。基于 Hearken 开发的应用具备符合国际标准、易于扩展、易于集成的特性。

> SCA1.0 规范：描述了利用面向服务架构（SOA）来构建应用程序和系统的模型；SCA 装配模型定义了构成一个 SCA 系统的各种构件和它们之间的关系，包括组合构件（Composite）、构件（Component）、服务（Service）、引用（Reference）、实现（Implementation）等。利用 SCA 装配模型可以方便地做到服务、引用和实现之间的解耦。
>
> SDO2.1 规范：统一了不同数据源类型的数据编程模式，关键的概念包括 Data Object（数据对象）、Data Graph（数据图）。Data Object 接口提供了动态的数据 API，Data Graph 是一个相关数据对象（Data Object）的集合。Data Graph 能够跟踪图中 DataObject 的变化。这些变化包括新增 DataObject、删除 DataObject 以及修改 DataObject 中的属性。

Hearken 的 SOA 架构划分为资源层、构件层、服务层、流程层和协同层五个层次。

三、Hearken 平台的特点

面向 SOA 的信息化应用支撑软件，在信息化应用研发和实施中基于以下基本思想：

1. 业务主导信息化软件研发

根据企业业务逻辑的内在特征，支持共性业务，封装信息化业务到业务人员可理解、可操作的层次，最大限度地实现业务人员参与信息化应用开发，实现代码输出整合的服务（Codes Outputs Integration Service）。

2. 构件化技术减少开发成本和避免开发风险

根据信息化应用的特点，结合大量信息化应用软件研发的经验，建立可复用的信息化应用构件库，实现标准化与定制相结合的构件库，减少重复开发，减少开发风险。

3. 基于 SOA 架构的促进信息化资源积累

实现软件更大范围集成的复用，软件被封装为一个个的服务，通过服务组装完成业务功能，提高业务跨界的业务协同能力。SOA 集成开发工具为服务建模、服务开发、服务组装、调试、部署等提供一体化的支持。服务成为核心要素，并通过复用技术积累形成服务库、构件库、知识库等资源。

4. CoIS5 信息化软件研发的实践模型

关注信息化应用的 5 个核心 IS：

（1）Integration Standard（整合标准）：采用当今软件开发的主流标准化和开放的技术标准，能够与其他平台实现良好的兼容。

（2）Integration Segment（整合分段）：将不同历史时期开发的软件资源、信息化应用共性的资源，设计成构件，建立构件库，将碎片化的信息化资源进行统一管理。

（3）Integration System（整合系统）：基于流程化的业务建模，将跨界的业务子系统整合起来，流程可以随需应变地进行灵活配置。

（4）Integration Service（整合服务）：基于 SOA 架构，以低成本、高质量、灵活、易管控地构造 SOA 应用和服务。

（5）Intelligentize Space（智能空间）：提供数据挖掘、智能优化算法插件，实现系统智能化开发，实现业务智能化处理，为用户提供智能的信息化工作空间和生活空间。

四、Hearken 核格 ™ 信息化支撑软件的应用价值

1. 整合 Java 与 SOA 技术体系标准

基于全球 Java 开放的技术标准，将 SOA 技术标准与构件技术、可视化技术、图形化技术优化整合，具有良好的平台技术兼容性。

2. 全生命周期 SOA 应用核心支撑

提供从设计开发、调试部署到运行维护和管控治理的 SOA 应用全生命周期的信息化核心支撑，具有良好的信息化项目实施完整性。

3. 面向 SOA 可视化集成开发环境

集面向构件应用的设计、开发、组装、调试、维护、部署、管理和发布于一体的集成开发环境，图形化 SOA 服务设计与服务装配，图形化构件组装与调试，具有高效的可视化项目开发易用性。

4. 持续管理软件知识资源的平台

提供服务库、构件库、知识库的开放标准和规范，支持第三方开发标准化的服务、构件、信息化标准和规范、信息化软件过程和信息化项目管理等，具有支持信息化团队工程知识管理的持续性。

5. 业务主导的信息化研发与部署

支持企业业务模型构件，以及基于业务模型配置基础构件和业务构件的业务组装开发方式，封装业务系统的业务对象、业务流程、共性需求和变化性需求，业务构件通过筛选、组装而构成每个业务功能，各个业务功能通过流程配置形成业务功能，进而形成信息化的整体解决方案，可降低技术复杂性，突出业务的主导性。

五、Hearken 平台技术体系

Hearken 采用的编程模型是：逻辑流＋数据＋人机交互。其中，逻辑流包括业务流、页面逻辑流及工作流；数据包括持久化实体和非持久化实体；人机交互采用富客户端控件来实现。

1. 平台规范体系

（1）平台开发命名要求见附表 B-1。

附表 B-1　平台开发命名要求

文件	要求	备注
工程名	使用简写英文单词，不能以数字开头，不能包含空格、特殊字符等关键词	
流程目录	模块名采用大驼峰命名法，首字母大写（如 VacateFlow）	该目录位于"业务流程"下，用于存放"流程文件"，也可以在 "流程目录"下再新建"流程目录"
流程文件	流程文件名称采用小驼峰命名法（如 testFlow）	源文件为 wpd 文件,编译后为 wpd 文件,该文件用于配置流程节点
功能目录	模块名采用大驼峰命名法，首字母大写（如 SysConfig）	"功能目录"下存放的是"模块目录"，也可存放"功能目录"
模块目录	模块名采用大驼峰命名法，首字母大写（如 SysConfig）	模块目录是最底层的目录，存放的有视图、Java、构件、数据、实体、服务、报表、配置文件夹
页面逻辑	页面逻辑采用大驼峰命名法，首字母大写（如 VacateUpdate）	"页面逻辑文件"下面存放的是"页面逻辑流"，源文件为 pix 文件，编译后为 JS 文件
页面逻辑流	页面逻辑流采用小驼峰命名法首字母小写（如 beforeAdd）	在页面逻辑流内可通过选择不同的"页面逻辑流构件"形成不同的功能，保存后平台将自动生成代码，编译后每个页面逻辑流为所属页面逻辑的 JS 函数，同一页面逻辑下的页面逻辑流将会编译到同一 JS 文件下
页面	页面采用小驼峰命名法，首字母小写（如 demoTest）	在页面文件内可使用页面构件设计页面，完成后平台将自动生成代码，源文件为 vix 文件，编译后为 xhtml 文件
包	包名命名规范：包（数据、实体等的包路径）: com.sunsheen.工程名.模块名,包名英文全部小写	同一模块目录内可将 Java 文件、数据文件、实体、服务装配文件、图表文件、配置文件放入同一包内，并且互不影响
Java 构件	Java 构件名称采用大驼峰命名法，首字母大写	
业务逻辑	业务逻辑采用大驼峰命名法，首字母大写（如 VacateUpdate）	"业务逻辑文件"下面存放的是"业务逻辑流"源文件为 bix 文件，编译后为 class 文件
业务逻辑流	业务逻辑流采用小驼峰命名法，首字母小写（如 beforeAdd）	在业务逻辑流内可通过选择不同的"业务逻辑流构件"形成不同的功能，保存后平台将自动生成代码，同一业务逻辑下的业务逻辑流将会编译到同一 class 文件下

文件	要求	备注
数据文件	数据文件必须采用大驼峰命名法，首字母大写（如 SelectVacate），数据查询采用小驼峰命名法，首字母小写（如 demoVacateSelectByID）	数据文件内存放的是多条数据查询，编译前为 mix 文件，编译后为 sqlMap 文件
实体文件	实体不需重新命名，只需在数据库里选择需要新建实体的表即可	每个实体都对应着数据库里的一张表，数据的增删改都是通过实体修改对应数据表数据的，实体源文件为 eix 文件，编译后为 class 文件
Wsdl 文件	Wsdl 文件采用小驼峰命名法，首字母小写	Wsdl 文件里存放有 WebService 的信息，可通过 wsdl 文件生成客户端代码
服务文件	服务文件采用小驼峰命名法，首字母小写	服务文件里可组装服务构件也可以组装 Java 构件
图表文件	图表文件采用小驼峰命名法，首字母小写	图表文件里存放的是图形化的样式，编译前为 cix 文件，编译后为 char 文件
配置文件	配置文件必须采用大驼峰命名法，首字母大写	配置文件可用以配置公用的一些数据（例如文件上传路径），编译前为 cfg 文件，编译后为 config 文件
国际化配置文件	国际化配置文件小驼峰命名法，首字母小写	在国际化配置文件里编辑词组的各国语言，在语言切换后该词组将显示对应语言

（2）具体开发规范见附表 B-2。

附表 B-2　具体开发规范

一级目录	二级目录	要求
页面逻辑流	变量	所有页面逻辑流中需要用到的变量都要设置为全局变量，双击页面逻辑流编辑器内空白处，可弹出页面属性设置，在第二页里可以设置全局变量。 表单数据统一命名：formData； 表格数据统一命名：gridData； 表格行数据统一命名：rowData； 确认的回调参数：confirm； 表单验证的返回参数：valid
	构件	页面的增删改查功能均使用 save 构件实现
	提示信息	表单验证失败的提示：表单验证失败！ 未选择删除信息的提示：请选择删除信息！ 确认删除信息的提示：确认删除？ 未选择修改数据时的提示：请选择需修改的数据！
表格和表单	字段	表单和表格中不需要显示的字段都需要隐藏
	命名	表单编号：form＋模块目录名称； 表格编号：grid＋模块目录名称； 对于一个模块有多页面的情况，就在编号后面加区分单词
	工具条	默认使用平台自带的工具条，需要增加功能再额外增加相应按钮 工具条需与表单关联

一级目录	二级目录	要求
表格和表单	时间	如果要获取当天或者当前时间，那么不需要输入，直接通过数据库或者js获取即可，grid中应显示出来。特别强调，系统获取的操作时间应该是年月日时分秒，grid中应显示齐全；输入的日期，应是年月日，grid中切记把时分秒去掉
	当前操作人和部门等信息	直接从session中获取，不需要用户输入（页面构件获取session：用户名 ${currUser.username}；页面逻辑流中获取 session：用户名 #{currUser.username}）。
	id字段	关于表中的各个id字段，如主键id、外键的编码id等，如果没有特殊要求，都不需要显示在页面、Grid和表单中，如果需要取值或者设置，那么将这些信息隐藏起来，因为这类信息是使用者不关注的信息，显示出来会造成诸多不便，所以此处要求避免显示id这类信息在界面上
	编码信息	对于在主表中存储的一些编码信息，在显示的时候，展示出来的只能是经过视图连接之后形成的内容信息，至于编码的id或code信息都要隐藏，用来提供参数或者设置值
	表格项宽度	Grid横向列宽根据内容适当判断，必须设置，如姓名、性别、出生日期等这些信息基本都可以进行估计到，可按实际长度设置，如备注等字段内容稍多的，可多留一些宽度
	表格显示字段	Grid中显示的信息，如果是公用的程序，则不需要限制用户，如果是多人使用的，多数情况下，需要将userid作为显示条件之一进行限制，此外，状态可能也是必要的一个条件。通过限制，不同的用户只能看到和操作到自己加入的信息
	表格数据显示顺序	Grid中显示的列项信息的顺序，无论是操作的界面还是查询的界面，都应该按重要程度从左到右进行排列，特别是对于某个功能来说比较核心的一些数据，和用户特别想一眼就能看到的数据尽量放在左侧。如科研课题立项管理中，第一项显示的信息应该是科研课题编号，其次是名称、负责单位、负责人等；如人事信息管理，第一项一定是职工编码、然后是姓名，接着是性别、出生日期等，多数情况下要根据常识进行判断或询问需求人员。表单（输入框、项）的排列顺序按grid中显示的顺序排列，按重要度等从左到右、从上到下
	表格排序要求	要求每一个grid中显示的记录信息都考虑行排序的问题，一般情况下，应该按操作的倒序排序，即按opdate desc进行排序，如果有特定要求，那么必须给出具体的排序规则
	必填项	需要输入的表单项目，按实际情况决定是否要设置为必填项，程序开发过程中必须考虑这项工作，尤其是非常关键的字段，若是没有值会影响后面运行的，一定要限制为必填项。另外，像时间类型和数值类型表单，需要限制输入类型，以免造成程序错误
	选择的表单项目显示模式	对于需要进行选择的表单项目，选择用下拉列表还是用弹出页面，原则上是看条数多少，一般在15条以内，可以用下拉列表选择，如果超过15条，可以考虑用弹出页面。如果是弹出页面，无论条数多少，都必须提供查询功能。另外，弹出框的大小设置要适当，不要太大或太小，衡量标准是上下和左右的滚动条不出现，页面中全部表单都能够完整显示，且四个方向都没有多余的空白，两个字"紧凑"即可

一级目录	二级目录	要求
表格和表单	复用性	复用性：对于某些功能，特别是分级管理或者分级查询的，且操作界面完全相同或基本相同，可以考虑用相同的一段程序实现，通过传递不同的参数来限制 grid 中的信息和表单的显示，解决不同级用户的使用，方便维护
	表单长度限制	对于表单长度有明确限制的，如标题、名称等，在表单（输入框）后面给出字数限制说明，如（40字内）等；如一些数字，如果有约束的，需要写明限制，如重要度系数，值应为（0.5～1）
	下拉项显示要求	表单中有下拉列表选择的，不应在里面显示出 id 的值，都应该看到的是对应的内容
其他	查询	查询时，查询条件中若有下拉框选择的，那么要加上一个空值在里面，现在经常遇到的情况是选择了一次下拉框的内容后，就再也去不掉了，查询不到全部信息，必须要重新进入这个页面才行
	下拉显示	在通过弹出列表选择某项信息时，最好顺便把其他信息也显示出来，方便用户操作，保证系统数据准确
	数据库设计	相同的数据项，按数据库设计三范式要求尽量存储在一个位置，其他需要的地方都应该是通过表连接方式获取，这样可以保证数据来源一致，修改数据只在一个地方修改即可。对于特别复杂的表连接，允许有适当的冗余，但是一定要考虑到数据的一致性。每张表预设 5 个扩展字段
	操作提示要求	对于某个功能操作完成，比如某个按钮，点击后，操作结束，如果界面上的信息没有发生任何变化，即使操作成功了，也不知道是否成功了。因此，一定要把这个功能操作后发生变化了的信息给反映出来。如选中一条记录，要修改其状态信息，但是状态又没有显示出来，那么在修改完成后，也不知道改了没有，成功了没有，因此像这里的状态就必须要显示出来，让用户知道发生了什么
	防止重复误操作	对于某些操作，点击按钮，操作完成后，grid 中的信息可能已经转走了，不显示了，但是表单（输入框）中的信息仍然存在，此时如果仍然点击按钮，那么会发生什么样的问题呢？之前科研课题冻结和解冻就是这样，如果没有限制的话，点 100 次按钮的话，就冻结 100 次，这样显然不符合要求。处理方式有三种，这三种需要根据实际情况进行使用或者混用，适用的环境不同： 1. 限制按钮，使其变灰色，不能使用； 2. 将表单（输入框）中的信息在操作完成后自动清除； 在操作时，通过 sqlmap 中的 sql 语句进行限制，相同的事情只能做一次。比如之前说的，针对一个科研课题，第一次冻结之后，这个课题就已经冻结了，那么这个冻结操作的 sql 语句在 update 的时候，就应设置一个条件或者之前就应该读数据库做一次判断，即没有冻结的课题才冻结，已经冻结的就不执行了，比如 update 的时候，条件中除了加入课题的 id 外，还应该把该课题的状态加上，什么状态可以冻结或者不能冻结。推荐全部使用这种方式

一级目录	二级目录	要求
其他	批量操作	如果某个功能需要进行批量操作，尽量不要批量地通过循环的方式一个个地发送 sql 到数据库去执行，如果要对 100 条数据进行批量更新操作，那么发送 100 条 sql 语句到数据库去执行显然是不合适的。应该通过循环形成一个大的条件，然后组合成一个 sql 语句发送到数据库中执行。如：update ts_msg set isread='y'where id in（'10'，'20'，'30'，'40'，'50'，'51'，'52'）
	系统数据	某些信息，如果能够从系统中获得到，那么尽量从系统去获得，不要让用户重复输入，容易造成不一致，而且提供方便性，显示出数据共享的优势
	数量单位	有数量填写的地方，需要考虑是否需要计量单位。例如：在采购管理中，购买的东西，必须填写计量单位，台、套、件、付、把、盒等，否则难以区分，造成数据混乱
	批量操作选取	能提供批量操作的地方尽量提供出来，通过勾选的方式，方便用户使用，如接收订单、安排任务等，都必须做成可批量操作的

2. 整体技术架构体系

整体技术架构体系如附图 B-1 所示。

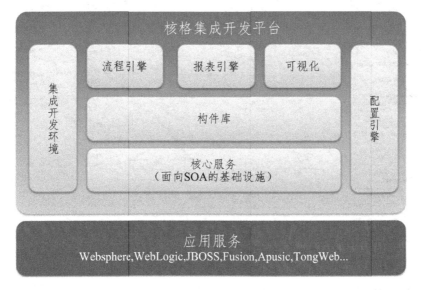

附图 B-1　平台架构图

六、Hearken 的组成

Hearken 产品主要包括核格制造平台（Hearken Studio）、核格构件库（Hearken Component Library）、核格服务器（Hearken Server）、报表引擎（Hearken Report）、流程引擎（WPS for Hearken）等部分。

1. Hearken Studio

Hearken Studio（Hearken 集成开发环境）是集面向构件应用的设计、开发、组装、调试、维护、部署、管理和发布于一体的集成开发环境，提供对 SOA 应用和服务全生命周期的开发、维护和管理。在 Hearken Studio 中，以项目的形式组织了 Hearken 应用开发的资源，提供相应的向导、视图和编辑器等工具供开发人员在开发过程中可视化地开发各种构件，并提供了强大的调试及团队开发功能。对于一个应用项目而言，所有的开发内容都可以方便快捷地通过 Hearken Studio 完成，而不需要使用其他开发工具。

在 Hearken Studio 中默认的有两种常用透视图：Hearken Studio 开发透视图和 Hearken Studio 调试透视图，每个透视图又包含很多共用的视图和编辑器。

Hearken Studio 开发透视图：

启动了 Hearken Studio 之后，就会看到一个透视图窗口，即为 Hearken Studio 默认的开发透视图。透视图包含一些视图和编辑器。可同时打开及调整多个视图窗口的大小和布局等，如附图 B-2 所示。

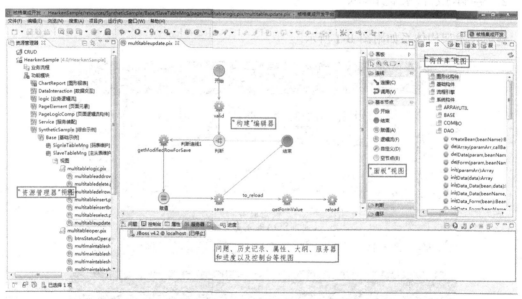

附图 B-2 Hearken 平台开发透视图

2. Hearken Project

核格平台将工程分为两类，主工程和库工程，主工程能单独部署运行，库工程能导出构件包，它们之间是一对多的关系，一个主工程可关联多个库工程，主工程可调用库工程内的构件，这些都是可以传到构件中心共享（见附图 B-3）。

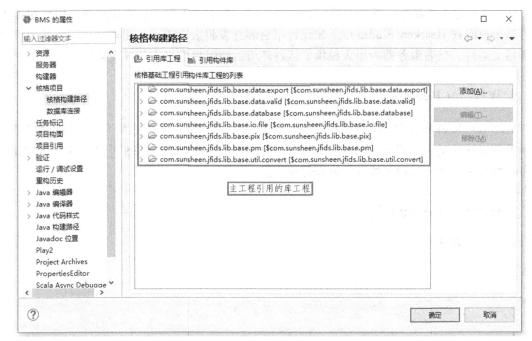

附图 B-3　Hearken 平台库工程引用

3. Hearken Server

Hearken Server（Hearken 运行环境）是支撑 SOA 应用和服务的运行环境，Hearken Server 由 SCA（Service Component Architecture）容器、构件运行环境、页面流引擎、逻辑流引擎、系统服务、基础服务等核心模块组成。Hearken Server 是一个面向 SOA 的基础设施，实现了 SOA 的核心编程模型 SCA 1.0、SDO 2.1 的标准规范。

Hearken Server 保障了 SOA 应用或服务稳定、安全、可靠、高效、可扩展地运行。

Hearken Server 运行在标准的 J2EE 应用服务器之上，集成了主流的应用服务器 JBoss、Tomcat 等。

4. Hearken Component Library

Hearken Component Library（Hearken 构件库）是为了支撑快速开发、部署应用系统而提供的，具有高度复用能力的一组预制构件的集合。利用 Hearken 构件库中的构件可以快速搭建应用系统，提高软件可复用度和开发效率；同时通过对构件的管理可以建立一套针对构件的生产、改进、管理、沉淀和发展的完整软件管理机制，使得软件企业组织级的软件知识沉淀可以通过构件库的形式得以实现和发展。

5. Hearken Report

Hearken Report（Hearken 报表）定位于高效率的中式报表工具，能够实现报表的高效设计、维护和运行，解决国内企业级报表应用的相关需求。

Hearken 报表产品由三部分组成：报表设计器、报表服务器、报表客户端。用户在报表设计器（内嵌在 Hearken Studio 中）来设计报表和开发报表应用，应用被打包、部署到报表服务器上运行。报表服务器为报表提供了运行环境，同时提供报表的开发接口。

6. WPS for Hearken

WPS for Hearken 是 Hearken 平台的流程组成部分，负责对业务流程整个生命周期的管理，包括业务流程的定义、调试、部署、运行、监控、管理。Hearken WPS^{TM} 是一款遵循 JBPM 参考模型而又具备中国特色特性的流程管理产品。

7. Hearken Community

核格开发者社区。

附录 C　软件安装

一、安装 JDK 及环境变量配置

步骤如下：

（1）安装 JDK。选择安装目录，安装过程中会出现两次安装提示，第一次是安装 jdk，第二次是安装 jre，建议两个都安装在同一个 Java 文件夹中的不同文件夹中（不能都安装在 java 文件夹的根目录下，jdk 和 jre 安装在同一文件夹会出错），如附图 C-1 所示。

| jdk1.8.0_131 | 2018/5/21 10:30 | 文件夹 |
| jre1.8.0_131 | 2018/5/21 10:30 | 文件夹 |

附图 C-1　文件位置

（2）安装 JDK。随意选择目录，只需把默认安装目录 \java 之前的目录修改即可，安装 jre→更改→\java 之前目录和安装 jdk 目录相同即可（注：若无安装目录要求，可全默认设置，无须做任何修改，两次均直接点击"下一步"即可）。

（3）环境变量配置。安装完 JDK 后配置环境变量，计算机→属性→高级系统设置→高级→环境变量。

（4）JAVA_HOME 配置。系统变量→新建 JAVA_HOME 变量，变量值填写 jdk 的安装目录（如 E:\Program Files\Java\jdk1.8.0_131）。

（5）Path 配置。系统变量→寻找 Path 变量→编辑，在变量值最后输入"%JAVA_HOME%\bin;% JAVA_HOME%\jre\bin;"，注意原来 Path 的变量值末尾有没有","号，如果没有，先输入";"号，再输入上面的代码。

（6）CLASSPATH 变量配置。系统变量→新建 CLASSPATH 变量，变量值填写.;%JAVA_HOME%\lib;%JAVA_HOME%\lib\tools.jar。

（7）检验是否配置成功。运行 cmd，输入 java -version（java 和 -version 之间有空格）。若显示版本信息，则说明安装和配置成功，如附图 C-2 所示。

```
Microsoft Windows [版本 10.0.17134.471]
(c) 2018 Microsoft Corporation。保留所有权利。

C:\Users\RAIN>java -version
java version "1.8.0_131"
Java(TM) SE Runtime Environment (build 1.8.0_131-b11)
Java HotSpot(TM) 64-Bit Server VM (build 25.131-b11, mixed mode)
```

附图 C-2　版本信息

二、安装 MySQL 数据库

此处介绍以安装包的方式安装，在 MySQL 官网下载社区版 mysql-installer-community-5.6.31.0，安装步骤如下：

（1）运行安装文件，选择接受许可条款"I accept the license terms"，如附图 C-3 所示。

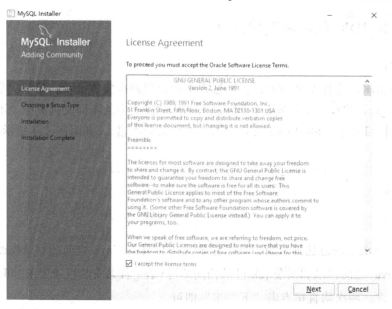

附图 C-3　选择接受许可条款

（2）如果只想安装 MySQL 服务，选择"Server only"，建议选择"Server only"，点击"Next"，如附图 C-4 所示。

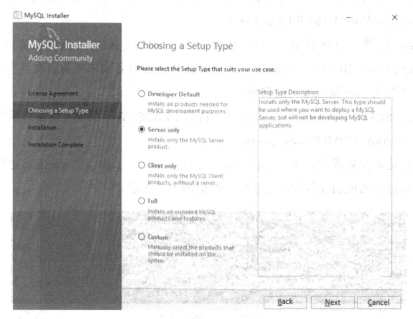

附图 C-4　Server only

（3）点击"Execute"，执行安装，如附图 C-5 所示。

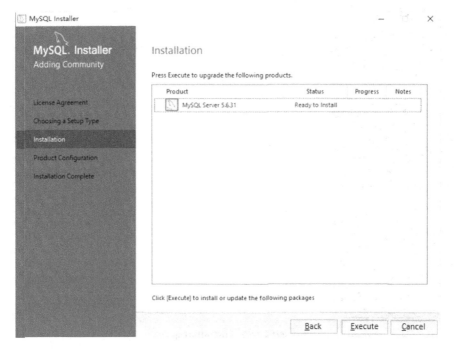

附图 C-5　点击"Execute"

（4）安装完成，点击"下一步"，如附图 C-6 和附图 C-7 所示。

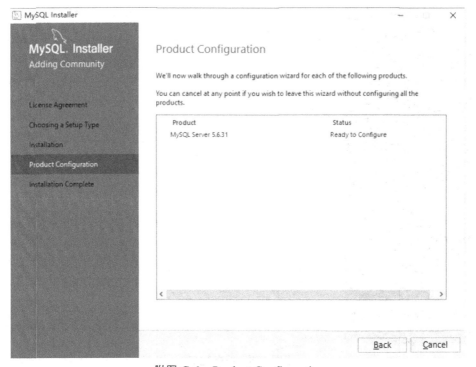

附图 C-6　Product Configuration

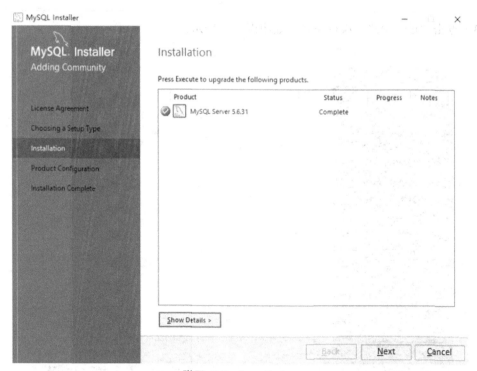

附图 C-7　Installation

（5）进行服务配置，MySQL 默认端口为 3306，如附图 C-8 所示。

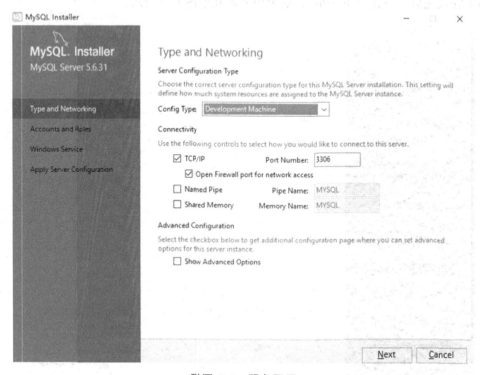

附图 C-8　服务配置

（6）为 root 用户设置密码。可添加一个具有普通用户权限的 MySQL 用户账户，也可不添加（一般不添加用户，而是用 root 账户），如附图 C-9 所示。

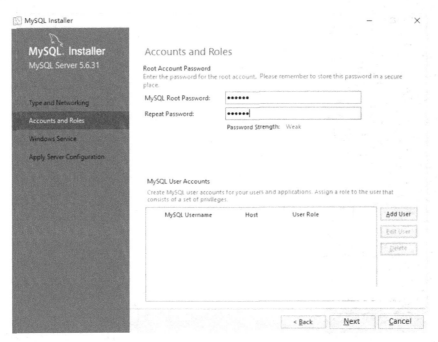

附图 C-9　设置密码

（7）以系统用户运行 Windows 服务，在 Windows 下 MySQL 服务名为"MYSQL 56，如附图 C-10 所示。

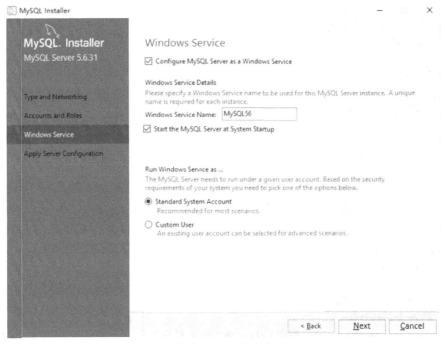

附图 C-10　服务名

（8）请求服务配置，如附图 C-11 和附图 C-12 所示。

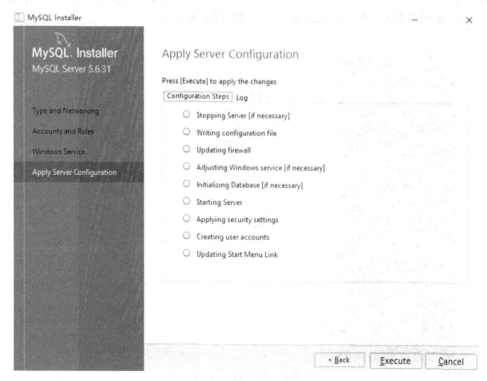

附图 C-11　请求服务配置

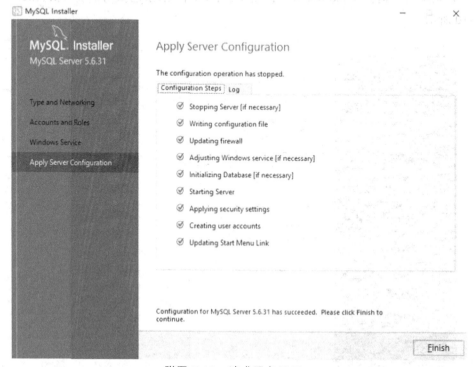

附图 C-12　请求服务配置 2

（9）产品配置信息如附图 C-13 所示， MySQL Server 5.6.31 安装完成，如附图 C-14 所示。

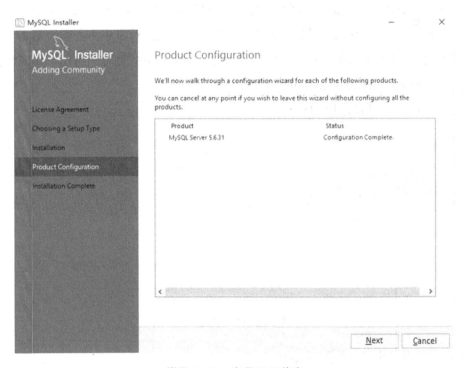

附图 C-13　产品配置信息

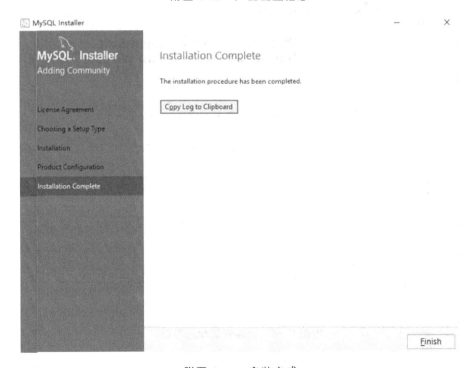

附图 C-14　安装完成

三、安装 Navicat

Navicat 是一套快速、可靠并价格相当便宜的数据库管理工具，专为简化数据库的管理及降低系统管理成本而设。它的设计符合数据库管理员、开发人员及中小企业的需要。Navicat 是以直觉化的图形用户界面而建的，可以以安全并且简单的方式创建、组织、访问并共用信息。这里以 navicat9_premium_en 为例进行介绍。

（1）双击安装包，如附图 C-15 所示。

名称	修改日期	类型	大小
📄 navicat_key.txt	2018/7/11 16:11	文本文档	
navicat9_premium_en.exe	2010/8/10 21:44	应用程序	22,

附图 C-15　安装包

（2）点击"下一步"，如附图 C-16 所示。

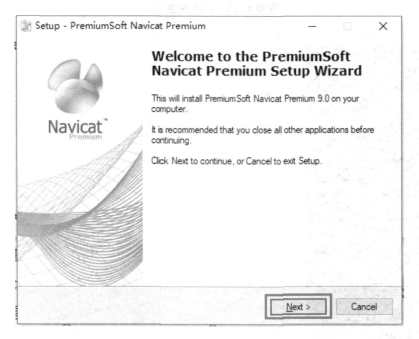

附图 C-16　软件安装欢迎界面

（3）勾选接受协议后点击"下一步"，如附图 C-17 所示。

附图 C-17　接受协议

（4）选择安装路径后点击"下一步"，如附图 C-18 所示。

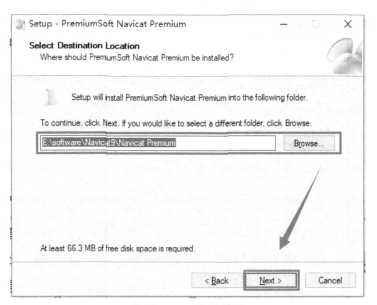

附图 C-18　安装路径

（5）浏览选择快捷方式目录结构，建议保留默认值，点击"下一步"，如附图 C-19 所示。

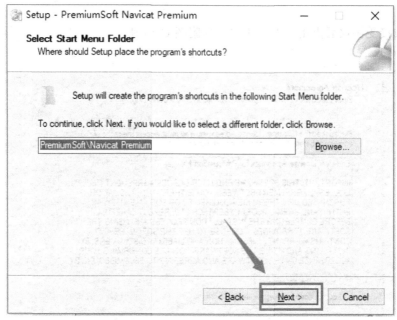

附图 C-19　目录

（6）选择是否创建桌面图标和快捷图标，建议保留默认值，点击"下一步"，如附图 C-20 所示。

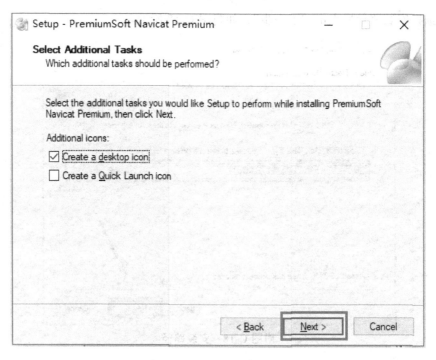

附图 C-20　创建桌面图标

（7）预览配置信息，点击"安装"，如附图 C-21 所示。

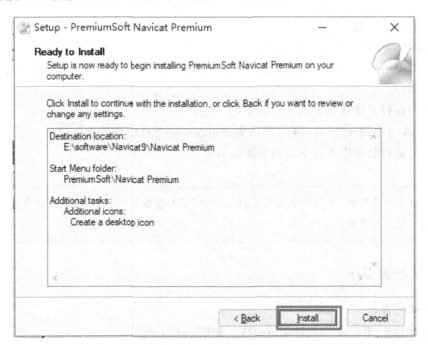

附图 C-21　预览配置信息

（8）等待安装，安装完成后即可通过快捷方式启动软件，如附图 C-22 所示。

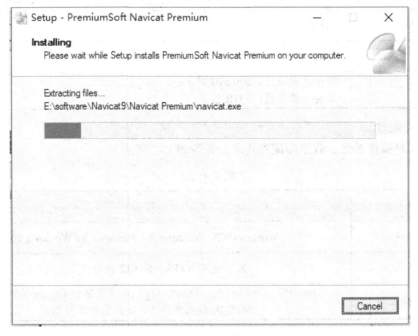

附图 C-22　安装

四、Hearken 平台安装

1. Hearken 安装向导

Hearken 产品采用安装包的安装方式。

Hearken 面向开发人员，提供集成开发、运行、管理一体化的集成开发环境，安装内容包括以下三部分：

（1）平台运行支撑环境 JDK 1.8 及以上；

（2）Hearken Studio™ 5.0（平台默认集成 Jboss-4.2.2.GA 应用服务器）；

（3）平台运行数据库（以下示例中默认采用）。

> 平台安装完成后，已经默认集成了 Jboss-4.2.2.GA 服务器，用户可以在平台中修改相关的默认启动、运行参数等。

2. 安装配置要求

（1）硬件配置。

安装 Hearken 5.0 产品的硬件配置要求，如附表 C-1 所示。

附表 C-1

硬件	最低要求
CPU	PⅢ800 以上
内存	2 048 MB 以上
硬盘空间	临时目录空间：500 MB 以上； 安装目录空间：3 GB 以上

（2）软件配置。

Hearken 对操作系统、数据库配置要求，如附表 C-2 所示。

附表 C-2

配置项目	要求
操作系统	Windows XP / Windows 7 / Windows 8 / Windows 10
文件系统	推荐使用 NTFS，FAT32 相对之下较慢
数据库	Oracle9i、Oracle 10g、Oracle 11g，以及更新的 Oracle 后续版本； MySQL 数据库需 5.6 及更高版本数据库

> 平台安装目录不要带空格中文等字符，保证安装盘符有足够剩余空间。建议保持默认的平台安装路径，推荐配置 2 GB 以上内存。
>
> 如果安装平台采用自定义 Oracle 数据库时，表空间必须大于 100 MB，另外需要准备一个具有 DBA 权限的数据库用户，用于安装过程中初始化数据操作。

3. 安装过程

的安装 Hearken 之前，需做以下准备工作：

（1）检查平台安装文件是否完整；

（2）检查安装环境：

① 检查操作系统。

建议为 Windows XP / Windows 7 / Windows 8/ Windows10 等版本（针对 Linux 和 Mac 系统有对应的平台版本）。

② 检查数据库（本机已经安装数据库的用户）。

建议为 Oracle 9i、Oracle 10g 以及更高的 Oracle 版本，MySQL5.6 及以上版本，保证要安装平台的机器与数据库主机连接畅通。

下面以 Windows 7 64 位（中文）+ JDK1.8 环境为例，介绍 Hearken 的安装步骤。

（1）双击平台安装文件 HearkenInstaller4.0.100R1408_201510161400.exe ，初次安装双击运行后等待大约 10 s（加载内容较多），弹出平台安装对话框如附图 C-23 所示。

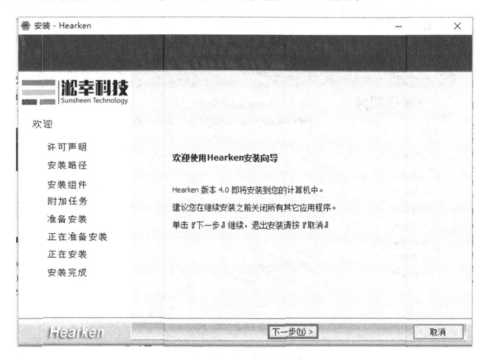

附图 C-23　软件安装欢迎界面

（2）点击附图 C-23 中的"下一步"按钮，进入平台安装许可协议阅读界面，如附图 C-24 所示。

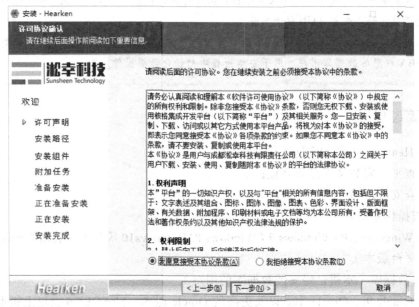

附图 C-24　接受协议

（3）认真阅读《软件许可使用协议》内容后选择"我愿意接受本协议条款"，再点击"下一步"进入平台安装路径选择界面，平台默认会选择"D:\Hearken"目录作为安装路径，也可选择其他目录。选择好平台的安装路径后，点击"下一步"按钮，如果已经存在该目录，会弹出提示窗口，如附图 C-25 所示。

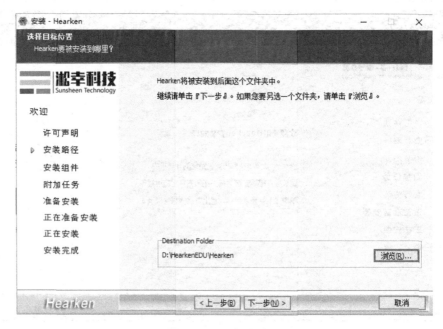

附图 C-25　安装路径

（4）点击"确认"后继续点击"下一步"按钮，进入平台工作空间（存放项目文件）设置界面，平台默认会将工作空间设置为"D:\Hearken\Hearken4.0\workspace"目录中，建议将工作空间路径和平台安装路径分开，如附图 C-26 所示。

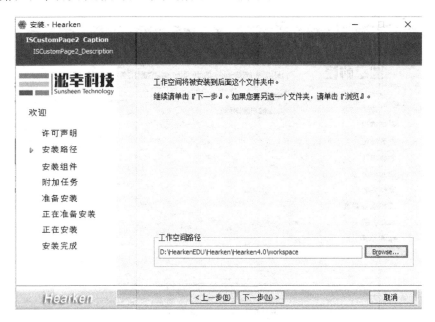

附图 C-26　工作空间路径

（5）设置好工作空间路径后，选择下拉列表中的安装类型，附图 C-27 所示为完全安装，安装内容包括核格平台（必选）和数据库文件。

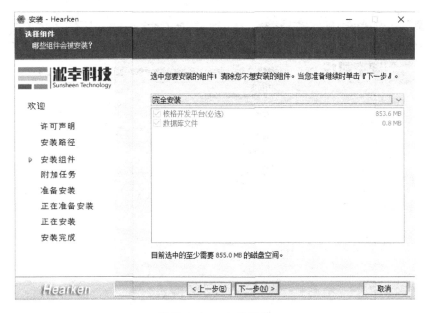

附图 C-27　安装组件

（6）在本机安装好数据库后，需要手动进入平台安装目录下的 SqlData 目录中，手动将数据文件导出到本地数据库中，详细操作见数据文件同目录中的说明文件。选择好安装组件后，点击"下一步"，选择是否创建桌面图标，然后继续点击"下一步"，如附图 C-28 所示。

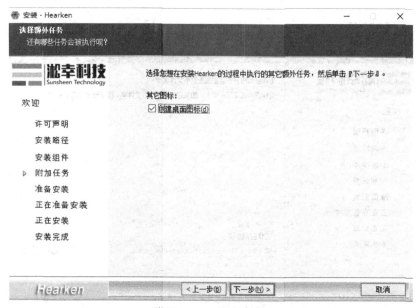

附图 C-28　附加任务

（7）点击"下一步"后，出现如附图 C-29 所示的确认安装界面，继续点击安装按钮进行平台安装操作。

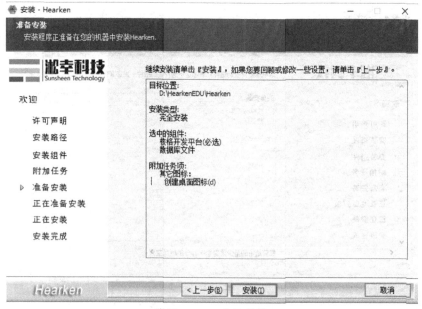

附图 C-29　准备安装

（8）出现平台安装进度条后等待平台安装，如附图 C-30 所示。

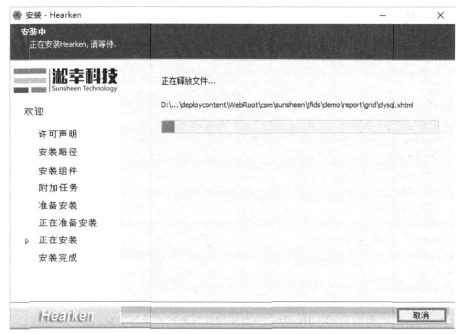

附图 C-30　正在安装

（9）安装完成后出现如附图 C-31 所示的安装完成界面，点击"完成"按钮。

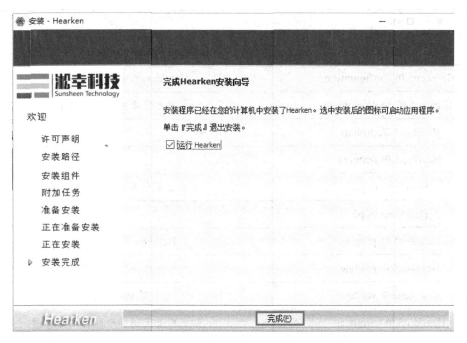

附图 C-31　安装完成

4. 平台目录结构

目录结构如附图 C-32 所示。

configuration	2015/10/19 9:26	文件夹	
deploycontent	2015/10/16 16:11	文件夹	
dropins	2015/10/16 16:10	文件夹	
features	2015/10/16 16:10	文件夹	
jre	2015/10/16 16:11	文件夹	
p2	2015/10/16 16:10	文件夹	
plugins	2015/10/16 16:11	文件夹	
readme	2015/10/16 16:12	文件夹	
servers	2015/10/16 16:09	文件夹	
templates	2015/10/16 16:12	文件夹	
workspace	2015/10/19 10:30	文件夹	
.eclipseproduct	2015/8/6 10:14	ECLIPSEPRODUC...	1 KB
artifacts.xml	2015/10/16 16:12	XML 文档	233 KB
def_bookmarks_win32.xml	2015/10/16 18:26	XML 文档	2 KB
hearken.exe	2015/8/6 10:39	应用程序	52 KB
hearken.ini	2015/8/6 10:39	配置设置	1 KB
License.rtf	2015/9/1 16:59	RTF 格式	60 KB

附图 C-23　Hearken 平台安装完成后的完整目录结构

Hearken 安装目录下的各个子目录和运行文件及其说明见附表 C-3。

附表 C-3　目录及其说明

目录	说明
Hearken5.0	Hearken Studio 5.0 相关文件主目录
Hearken5.0\ configuration	Hearken 相关配置文件目录
Hearken5.0\ deploycontent	平台部署相关文件目录
Hearken5.0\ dropins	—
Hearken5.0\ features	—
Hearken5.0\ jre	平台安装包自带的 jre 运行环境
Hearken5.0\ p2	—
Hearken5.0\ plugins	Hearken 平台插件目录
Hearken5.0\ readme	平台相关自述文件目录
Hearken5.0\ servers	系统默认服务器目录
Hearken5.0\ templates	程序相关代码模板配置文件目录
Hearken5.0\ workspace	

目录	说明
Hearken5.0\.eclipseproduct	—
Hearken5.0\ artifacts.xml	Hearken 默认服务器 Jboss- jboss-4.2.2.GA 目录
Hearken5.0\ hearken.exe	平台运行文件
Hearken5.0\ hearken.ini	平台启动参数初始化配置文件
Hearken5.0\ License.rtf	平台版权说明文件
Hearken5.0\servers\jboss-4.2.2.GA\server\default\deploy	Web 应用发布目录，用户自定义 CLASS 和前台文件以及应用相关支持文件等也发布到这个目录的对应工程目录下（如 demo.war）

附录 D　软件工程部分文档编写指南

一、需求分析报告

该项目的需求分析报告目录结构如下：

1 引言
　1.1 目的
　1.2 范围
　1.3 术语和略缩语
　1.4 引用文件
　1.5 文档结构概述
2 总体描述
　2.1 项目概述
　　2.1.1 现状分析（提出问题）
　　2.1.2 建设内容（解决问题，从业务角度提出的具体措施）
　2.2 组织机构
　2.3 项目涉及的用户
　2.4 假设与依赖关系
3 业务流程现状描述与问题分析
　3.1 XXXX业务描述与分析
　3.2 YYYY业务描述与分析
4 基础设施建设需求分析
　4.1 安全需求
　　4.1.1 硬件需求
　　4.1.2 基础软件需求
　4.2 稳定需求
　4.3 场地环境改造需求
　4.4 计算机处理能力需求
　　4.4.1 硬件需求
　　4.4.2 基础软件需求
　4.5 存储能力需求
　　4.5.1 硬件需求
　　4.5.2 基础软件需求

二、需求规格说明书

该项目的需求规格说明书目录结构如下：

三、系统设计说明书

该项目的系统设计说明书目录结构如下：

1 引言

  1.1 目的

  1.2 范围

  1.3 定义、简写和略缩语

  1.4 引用文件

  1.5 综述

2 总体设计

  2.1 项目概述

    2.1.1 现状分析（提出问题）

    2.1.2 建设目标（分析问题，达到什么效果）

    2.1.3 建设内容（解决问题，从业务角度提出的具体措施）

  2.2 用户角色

  2.3 约束

  2.4 假设与依赖关系

  2.5 系统架构设计

    2.5.1 逻辑架构

    2.5.2 物理架构

  2.6 接口设计

    2.6.1 系统接口

    2.6.2 用户接口

    2.6.3 硬件接口

    2.6.4 软件接口

    2.6.5 通信接口

  2.7 系统环境需求

    2.7.1 平台环境

    2.7.2 网络环境

7 附录

    7.1 附图目录

    7.2 附表目录

四、测试报告

该项目的测试报告目录结构如下：

1 引言

    1.1 测试目标

    1.2 背景

    1.3 项目术语

    1.4 参考资料

2 测试综述

    2.1 测试组织架构

    2.2 测试内容

    2.3 时间和地点

    2.4 测试环境

        2.4.1 硬件环境

        2.4.2 软件环境

        2.4.3 网络拓扑结构及说明

3 测试内容

    3.1 功能性测试

    3.2 性能测试

        3.2.1 性能测试项

        3.2.2 系统资源监控及关注指标

    3.3 可靠性测试

    3.4 维护性测试

    3.5 易用性测试

    3.6 用户文档集测试

4 测试结果分析

    4.1 性能结果分析

        4.1.1 关键性能指标分析

        4.1.2 系统资源分析

        4.1.3 系统级指标分析

    4.2 功能结果分析

        4.2.1 测试用例对测试需求覆盖情况

        4.2.2 测试用例执行情况

        4.2.3 测试缺陷情况

五、用户操作手册

该项目的用户操作手册目录结构如下：

附录 E 学习资料

核客社区：http://www.hearker.com
核客论坛：http://bbs.hearker.com
在线 API：http://hearken.demo.sunsheen.cn/hearken/

参考文献

[1] 王紫瑶，南俊杰，段紫辉，钱海春，等. SOA 核心技术及应用[M]. 北京：电子工业出版社，2008.

[2] 舒红平，魏培阳. 软件需求工程[M]. 成都：西南交通大学出版社，2018.

[3] 舒红平，曹亮. 软件项目管理[M]. 成都：西南交通大学出版社，2019.

[4] KARL WIEGERS. 软件需求 Software Requirements[M]. 2 版. 刘伟琴, 刘洪涛, 译. 北京：清华大学出版社，2004.

[5] 谭云杰. 大象 Thinking in UML[M]. 北京：中国水利水电出版社，2009.

[6] 毛新生. SOA 原理-方法-实践[M]. 北京：电子工业出版社，2007.

[7] 温昱. 软件架构设计[M]. 北京：电子工业出版社，2015.

[8] 王磊. 微服务架构与实践[M]. 北京：电子工业出版社，2016.

[9] 施瓦尔贝. IT 项目管理[M]. 5 版. 杨坤, 译. 北京：机械工业出版社，2008.

[10] 杰罗特. 软件项目管理实践[M]. 施平安, 译. 北京：清华大学出版社，2003.